PRODUCTION ARTIFICIELLE

DES

MONSTRUOSITÉS

PARIS. — TYPOGRAPHIE A. HENNUYER, 7, RUE D'ARCET.

RECHERCHES

SUR

LA PRODUCTION ARTIFICIELLE

DES MONSTRUOSITÉS

OU ESSAIS DE TÉRATOGÉNIE EXPÉRIMENTALE

PAR

M. CAMILLE DARESTE

INTRODUCTION

PARIS

REINWALD ET C°, ÉDITEURS

15, RUE DES SAINT-PÈRES, 15

1876

RECHERCHES

SUR

LA PRODUCTION ARTIFICIELLE

DES MONSTRUOSITÉS

OU ESSAIS DE TÉRATOGÉNIE EXPÉRIMENTALE

INTRODUCTION

I. On appelle *anomalie* toute déviation du type spécifique.

Le nom de *monstruosité* s'applique plus particulièrement à « un ensemble d'anomalies très-complexes, très-graves, rendant impossible ou difficile l'accomplissement de certaines fonctions, et produisant chez les individus qui en sont affectés une conformation vicieuse très-différente de celle que présente ordinairement leur espèce [1]. »

II. Les anomalies, et surtout les monstruosités, ont été considérées pendant longtemps comme des faits complétement étrangers à l'ordre naturel et, par conséquent, à la science.

Il y a peu de sujets qui aient autant excité l'imagination des hommes. Comment se produisent ces êtres toujours étranges et souvent hideux? Ce serait assurément un récit intéressant que celui de toutes les explications que l'on inventa pour en rendre compte, d'autant plus qu'elles n'ont pas entièrement disparu, et qu'on les retrouve encore dans les superstitions populaires. Les obscurités et les terreurs, pour parler avec Lucrèce, qui ont pendant si longtemps obsédé notre intelligence, n'ont pas encore été complétement

---

[1] Is. Geoffroy Saint-Hilaire, *Traité de tératologie*, t. I, p. 33.

dissipées par la connaissance de la nature et par la raison [1]. Mais ici je dois rester sur le terrain de la science; je laisse à d'autres le soin de raconter l'histoire, si curieuse pourtant, des aberrations de l'esprit humain.

III. La Grèce est la patrie de la science. Toutes les conceptions que nous créons pour expliquer l'homme et la nature, toutes les théories scientifiques par lesquelles nous cherchons à rendre compte de notre existence et des existences étrangères à la nôtre, des phénomènes qui se passent en nous et hors de nous, ont leur origine dans les écoles de la philosophie grecque. C'est toujours là qu'il faut remonter, quel que soit l'objet de nos études.

On trouve dans une phrase d'Aristote une notion très-exacte de la monstruosité, tellement exacte que j'ai pris cette phrase pour épigraphe de mon livre : « La monstruosité est un objet contre nature ; ou plutôt non pas absolument contre nature, mais contre ce qui se passe le plus ordinairement dans la nature. Rien ne se produit contrairement à la nature, en tant qu'elle est éternelle et nécessaire : cela n'arrive que dans les choses qui se produisent le plus ordinairement d'une certaine façon, mais qui pourraient se produire autrement [2]. » Cette phrase, malgré son extrême concision, exprime très-nettement l'idée que nous nous faisons, que nous devons nous faire de la monstruosité, résultat extraordinaire de causes purement naturelles. La production et l'organisation des monstres sont des questions scientifiques, puisqu'elles doivent s'expliquer par une application particulière des lois générales qui déterminent la production et l'organisation des êtres normaux.

Après Aristote, les écoles philosophiques et particulièrement les écoles stoïcienne et épicurienne formulèrent d'une manière précise l'idée des lois de la nature, lois éternelles et universelles qui régissent d'une manière absolue la manifestation de tous les phénomènes. Les livres de ces écoles sont perdus; mais nous pouvons y suppléer, dans une certaine mesure, par le curieux ouvrage de Cicéron *De divinatione*,

---

[1]   Hunc igitur terrorem animi tenebrasque necesse est
Non radii solis, neque lucida tela diei
Discutiant, sed naturæ species ratioque.

[2] ARISTOTE, Περὶ ζώων γενεσέως, liv. IV, cap. IV. Ἐστὶ γὰρ τὸ τέρας παρὰ φύσιν τι, παρὰ φύσιν δ'οὐ πᾶσαν, ἀλλὰ τὴν ὡς ἐπὶ τὸ πολύ· παρὰ γὰρ τὴν ἀεὶ καὶ τὴν ἐξ ἀνάγκης, οὐδὲν γίνεται παρὰ φύσιν, ἀλλὰ ἐν τοῖς ὡς ἐπὶ τὸ πολὺ μὲν οὕτω γενομένοις, ἐνδεχομένοις δὲ καὶ ἄλλως.

dans lequel le grand écrivain romain combat, à leur aide, les superstitions de son temps. Il y développe cette pensée que les prodiges
(*ostenta* ou *portenta*) — et les monstres jouaient un grand rôle dans les
prodiges — se produisent d'après les lois de la nature, aussi bien que
les phénomènes que nous observons tous les jours : « On ne s'étonne
pas, dit-il, de ce que l'on voit fréquemment, même quand on ignore
comment cela se produit. S'il arrive un fait que l'on n'ait pas encore
vu, on le considère comme un prodige. » Et ailleurs : « Tout ce qui a
naissance, quel qu'il soit, a nécessairement une cause naturelle ; de
telle sorte que s'il existe contre la coutume, il ne peut cependant
exister contre la nature....., Rien ne peut arriver sans cause ; et rien
n'arrive qui ne puisse arriver. Et s'il arrive ce qui a pu arriver, cela
ne peut pas être considéré comme un prodige. Il n'y a donc pas de
prodiges [1]. »

Ces passages de Cicéron ont été admirablement commentés par
Montaigne, à propos d'un monstre hétéradelphe qui vivait de son
temps : « Ce que nous appelons monstres ne le sont point à Dieu, qui
voit dans l'immensité de son ouvrage l'infinité des formes qu'il y a
comprises... De sa toute sagesse, il ne part rien que bon, commun
et réglé ; mais nous n'en voyons pas l'assortiment et la relation...
Nous appelons contre nature ce qui advient contre la coutume : rien
n'est que selon elle, quel qu'il soit. Que cette raison naturelle et uni-
verselle chasse de nous l'erreur et l'étonnement que la nouvelleté
nous apporte [2]. » On a souvent cité ces paroles de Montaigne comme
entièrement nouvelles ; elles ne sont, en réalité, que la doctrine de la
philosophie antique.

Fontenelle qui, sous une forme très-spirituelle, parfois même trop
spirituelle, a si souvent exprimé sur les sciences des idées remarqua-
blement justes, reproduit ainsi la pensée d'Aristote, de Cicéron, de
Montaigne : « On regarde communément les monstres comme des
jeux de la nature ; mais les philosophes sont très-persuadés que la
nature ne se joue point ; qu'elle suit toujours invariablement les
mêmes règles, et que tous ses ouvrages sont, pour ainsi dire, égale-

[1] CICÉRON, *De divinatione.* « Quod crebro vidit, non miratur, etiamsi cur fiat,
nescit. Quod ante non vidit, id si evenerit, ostentum esse censet. » (Lib. II, cap. XXII.)
« Quidquid oritur, qualecumque est, causam habeat a natura necesse est : ut,
etiamsi præter consuetudinem exstiterit, præter naturam tamen non possit existere...
Nihil fieri sine causa potest. Nec, si id factum est, quod possit fieri, portentum
debet videri. Nulla igitur portenta sunt. » (Lib. II, cap. XXVIII.)
[2] MONTAIGNE, *Essais,* liv. II, chap. XXX.

ment sérieux. Il peut y en avoir d'extraordinaires, mais non pas d'irréguliers ; et ce sont même souvent les plus extraordinaires qui donnent le plus d'ouvertures pour découvrir les règles générales où ils sont compris [1]. »

On a formulé, de nos jours, cette pensée d'une manière plus précise, et surtout plus conforme au langage de la science actuelle. Je citerai les deux phrases suivantes : « Au premier coup d'œil, une monstruosité paraît une exception aux lois de la nature ; ce n'est cependant qu'une exception aux effets qu'elles produisent ordinairement. Ces lois, toujours immuables comme l'essence des choses dont elles dérivent, ne varient ni pour les temps ni pour les lieux [2]..... » Et celle-ci : « Il n'y a point de monstres dans la nature, si l'on entend, par ce mot, déviation de la nature à ses règles accoutumées d'action [3]. »

IV. Il a fallu bien des siècles pour que ces idées pénétrassent dans la science. Aujourd'hui c'est un fait accompli. On a fini par reconnaître que les organisations anomales et monstrueuses sont aussi régulières que les organisations normales, bien qu'elles le soient autrement, parce qu'elles sont régies par les mêmes lois ; et que, par suite de cette régularité même, elles se rattachent toutes à un certain nombre de types parfaitement définis ou définissables, parce qu'il n'existe en réalité, comme la science le démontre, qu'un certain nombre de déviations possibles du type spécifique.

Ce progrès, préparé depuis la renaissance par les travaux d'un grand nombre d'anatomistes et de physiologistes, a été réalisé, dans notre siècle, par les deux naturalistes français à la mémoire desquels je dédie ce livre, Etienne et Isidore Geoffroy Saint-Hilaire. Nous pouvons dire avec un juste orgueil, que, grâce à leurs mémorables travaux, la science des monstres, ou, comme ils l'ont appelée, la *tératologie*, est une science toute française.

Toutefois cette science est encore incomplète. La distinction des différents types de l'anomalie et de la monstruosité, la connaissance de leur organisation, les relations des différents types entre eux, forment une partie de la tératologie que l'on peut considérer comme à peu près terminée. Les recherches ultérieures y ajouteront

---

[1] FONTENELLE, *Hist. de l'Académie des sciences*, 1703, p. 28.

[2] LACÉPÈDE, *Hist. nat. des serpents*, chap. *Des serpents monstrueux*.

[3] VERNOIS, *Propositions de philosophie naturelle* terminant une thèse présentée et soutenue à la Faculté de médecine de Paris, le 29 décembre 1837.

quelques faits de détail; elles n'y introduiront pas de changement essentiel [1].

Il n'en est pas de même de cette partie de la science qui recherche l'origine et le mode de formation des monstres ou, comme on le dit, de la *tératogénie*. Ici, avant mes études, presque tout était à faire.

Ce long retard s'explique facilement. La science de l'évolution des êtres anormaux présuppose la science de l'évolution des êtres normaux; en d'autres termes, la tératogénie présuppose l'embryogénie. Or, l'embryogénie est de création toute récente; elle ne date réellement que du siècle dernier, et du grand physiologiste Wolff.

Sans doute on avait, dès l'antiquité, suivi le développement de l'embryon, dans différentes espèces. Il y a, dans la collection des ouvrages attribués à Hippocrate, un curieux livre *sur la Nature de l'enfant*, dans lequel on trouve l'indication d'observations faites jour par jour sur le développement du poulet [2]. Les écrits d'Aristote contiennent des notions fort exactes sur le développement des oiseaux et sur celui des poissons [3]. A l'époque de la renaissance des études biologiques, Fabrice d'Aquapendente, puis et surtout Harvey, son élève, commencèrent une belle série de recherches embryogéniques. Malheureusement, ce mouvement scientifique fut arrêté dès son début par la doctrine de la préexistence des germes [4].

Il est curieux de voir que cette doctrine, entièrement hypothétique, s'imposa aux intelligences comme la conséquence directe et nécessaire de l'observation.

V. Quand on étudie les graines et les bulbes de certaines plantes, on y voit déjà, même à l'œil nu, mais à l'état de simples rudiments, un certain nombre de parties qui se développeront plus tard. Un médecin de Venise, nommé Aromatari, qui avait été l'ami de Harvey pendant son séjour en Italie, partit de ce fait pour établir que la graine et le bulbe contiennent réellement, et non virtuellement, la plante tout entière. Puis, comparant l'œuf animal à la graine, il ajoutait cette phrase remarquable : « En ce qui concerne les œufs de

---

[1] Du moins pour les animaux vertébrés. La tératologie des animaux invertébrés est encore à faire. Je prouverai cette proposition dans un chapitre de ce livre.

[2] Περὶ φύσιος παίδων.

[3] Il savait par exemple que les poissons n'ont pas d'allantoïde comme les oiseaux, mais qu'ils possèdent leur sac vitellin. Περὶ ζώων γενεσέως, lib. III, cap. III.

[4] FABRICIUS, *De formatione ovi pennatorum*, 1638. — HARVEY, *Exercitationes de generatione animalium*, 1681.

poule, nous pensons que le poulet est déjà ébauché dans l'œuf avant
d'être formé par la poule [1]. »

Ce qui pour Aromatari n'était qu'une hypothèse devint une réalité
pour Swammerdam. Ce grand naturaliste appliqua à l'étude de l'organisation le microscope, dont l'invention était toute récente. Il eut
ainsi, le premier, la révélation du monde des infiniment petits, et fut
frappé d'épouvante à son aspect. Au-delà de ce monde visible, dont il
avait reculé si loin les bornes, il apercevait un monde invisible,
non moins réel que l'autre, dont l'accès lui restait fermé par l'imperfection des instruments d'optique et la limite du pouvoir ampli-
fiant des lentilles. Mais les découvertes de la science pouvaient
reculer indéfiniment cette limite. Et alors, où s'arrêterait l'observateur ? Unissant les sentiments religieux les plus exaltés à un amour
passionné pour la science, Swammerdam voyait donc, à chaque
découverte, l'abîme se creuser sous ses pas, cet abîme que Pascal avait
entrevu au pont de Neuilly. Comme Pascal, et pour les mêmes causes,
Swammerdam mourait prématurément, après avoir vainement
cherché dans le mysticisme l'apaisement des troubles de son âme [2].

On ne peut comprendre l'origine de la doctrine de la préexistence
des germes que par cette intervention incessante des préoccupations
religieuses dans une série, admirable d'ailleurs, de recherches
scientifiques [3]. Swammerdam avait d'abord étudié les métamorphoses des insectes, et particulièrement cette curieuse succession de
phénomènes qui font de la chenille un papillon. L'animal qui sort de
l'œuf, la chenille, n'a aucune ressemblance apparente avec le papillon
qui a produit l'œuf. Après avoir vécu, pendant un certain temps, d'une
vie active, la chenille se transforme en ce que l'on appelle la chrysalide ;
c'est-à-dire en un organisme tout à fait différent, formé d'une enve-
loppe solide dans laquelle on ne rencontre qu'une matière demi-
liquide. C'est, en quelque sorte, un second œuf d'où sort plus tard le

---

[1] Aromatari, *Epistola de generatione plantarum.* Venise, 1625. « Quod attinet ad
ova gallinarum, existimamus quidem pullum in ovo delineatum esse, antequam for-
matur a gallina ».

[2] Voir en tête de la *Biblia naturæ*, la vie de Swammerdam par Boerhaave, admirablement commentée par Michelet, dans *l'Insecte.*

[3] Voir, par exemple, l'*Ebauche de l'histoire des êtres organisés avant leur fécondation,*
que Senebier a publiée en tête des *Expériences pour servir à l'histoire de la génération des animaux et des plantes* de Spallanzani, 1786. L'auteur de cet opuscule, ministre du saint Évangile à Genève, traite d'athées les adversaires de la doctrine de la
préexistence des germes.

papillon. Swammerdam reconnut qu'en durcissant la chrysalide par l'immersion dans l'eau chaude ou dans l'alcool, on trouve le papillon déjà tout formé en dedans de la coque. Faisant ensuite de semblables études sur la chenille, il trouvait au-dessous de la peau les indices de six pattes articulées et des ailes du papillon. Ces faits qu'il montrait en 1668 au grand-duc de Toscane, Ferdinand II, en présence de Magalotti et de Thévenot, le conduisirent à penser que la métamorphose n'est qu'une apparence ; que le papillon est déjà tout entier dans la chenille, mais caché sous un masque (*larvatus*), et qu'il se manifeste en se dégageant peu à peu des téguments de la chenille et de la chrysalide (*evolutio*) dans lesquelles il est enveloppé (*involutio*). Or, si le papillon est déjà tout entier dans la chenille, c'est qu'il était tout entier dans l'œuf; le papillon femelle contient donc dans ses ovaires des œufs dont chacun contient un papillon entier. Et chacun de ces papillons enfermés dans l'œuf contient d'autres œufs qui contiennent eux-mêmes d'autres papillons; et ainsi de suite jusqu'à l'infini. L'œuf du papillon contient donc, non pas virtuellement, mais réellement, toutes les générations qui doivent en sortir [1].

Bientôt, Swammerdam étendit à tous les animaux et à l'espèce humaine elle-même cette notion qu'il se faisait de l'œuf des insectes.

Les physiologistes étaient encore sous l'impression de l'étonnement que venaient de causer les grandes découvertes de Harvey sur la génération et sur l'existence générale des œufs chez tous les animaux et même chez tous les êtres vivants. On avait cru jusqu'alors la génération ovipare et la génération vivipare essentiellement différentes. Harvey, étudiant plus complétement des faits qu'Aristote avait vaguement entrevus, venait de prouver que cette distinction n'est qu'apparente. Grâce à la libéralité du roi d'Angleterre Charles Ier, dont il était le médecin, il avait disséqué un grand nombre de biches et de daines provenant des parcs royaux, et trouvé, dans leur cavité utérine, l'embryon enveloppé de membranes tout à fait comparables à celles qui revêtent l'embryon dans l'œuf des oiseaux. L'animal vivipare provient donc d'un œuf comme l'animal ovipare.

Toutefois Harvey, tout en faisant cette grande découverte, ne l'avait pas conduite assez loin pour établir une identité complète entre les

---

[1] SWAMMERDAM, *Naturbibel*. Voir le curieux chapitre qui a pour titre : *Het eene Dier in het andere, of der Kapel verborgen binnen in de Reeps* (Un animal dans un autre ou le papillon enveloppé dans la chenille).

phénomènes essentiels de la génération vivipare et ceux de la génération ovipare. Il croyait que chez les femelles vivipares, l'œuf se produit, dans la cavité utérine, à la suite de l'union des sexes ; tandis que, chez les femelles ovipares, l'œuf est évidemment antérieur à la fécondation.

Mais, à l'époque où Swammerdam étudiait les métamorphoses des insectes, un autre anatomiste non moins célèbre, le danois Stenson, que nous appelons Stenon, qui avait été son ami et son condisciple à l'université de Leyde, faisait, en 1667, à Florence, une découverte capitale, qui changeait complétement l'idée que Harvey s'était faite de la génération vivipare, et la rattachait à la règle générale. Les squales ou chiens de mer sont presque tous vivipares ; leur embryon se développe complétement dans un oviducte fort semblable par sa structure, et même par son aspect, aux trompes de Fallope des mammifères. Stenon constata que, si les embryons des squales se développent dans l'oviducte, ils ne s'y produisent point[1], mais qu'ils y arrivent sous la forme d'œufs, et que ces œufs proviennent d'organes particuliers tout à fait comparables aux ovaires des oiseaux. Le grand volume de ces œufs rendait la découverte de Stenon tout à fait incontestable. Ainsi, dans certaines femelles vivipares, l'œuf est antérieur à la fécondation, comme chez les femelles ovipares.

Or, le fait n'était-il pas applicable à toutes les femelles vivipares et aux femmes elles-mêmes, qui possèdent, dans le voisinage de la matrice, comme on le savait depuis longtemps, des organes particuliers, dont le rôle était encore énigmatique, et que l'on considérait comme analogues aux organes qui produisent l'élément mâle de la génération[2] ? Ces organes seraient-ils des ovaires ? Il fallait le prouver en y démontrant l'existence des œufs. Stenon, et plusieurs anatomistes de l'université de Leyde, Van Horne, Swammerdam lui-même, Kerckring, Regnier de Graaf, se mirent à l'œuvre et cherchèrent avec ardeur l'œuf dans l'ovaire des femelles des mammifères et dans celui de la femme. On avait rencontré, depuis longtemps, dans ces organes, mais d'une manière accidentelle, l'existence de petites vésicules pleines de liquide. Leur nature était ignorée. Les anatomistes de Leyde pensèrent que c'étaient les œufs qu'ils cherchaient, et la priorité de cette prétendue découverte devint pour eux l'objet de débats passionnés. On

---

[1] STENON, *Myologia*, 1667.
[2] On les a appelés pendant longtemps *testes muliebres*.

arrivait ainsi à croire que, chez toutes les femelles vivipares, l'œuf est antérieur à la fécondation, et que, par conséquent, les phénomènes de la génération sont régis, chez tous les animaux, par une même loi. Cette théorie, nous le savons aujourd'hui, bien que fondamentalement vraie, reposait sur des faits erronés. Les vésicules de Graaf, que l'on devrait plutôt appeler *vésicules de Stenon*, ne sont point les œufs ; elles les contiennent dans une partie de leurs parois, comme cela résulte de la mémorable découverte de Baer en 1827. Mais alors personne ne mit en doute la signification que l'on attribua aux vésicules de Graaf, et l'existence des œufs avant la fécondation chez tous les animaux, assurément vraie, quoique d'une autre manière que le pensaient les anatomistes de Leyde, fut considérée comme définitivement prouvée.

Swammerdam attribua à cette vésicule de l'ovaire des femelles de mammifères, qu'il considérait comme un œuf formé antérieurement à la fécondation, l'organisation merveilleuse qu'il croyait avoir constatée dans l'œuf des insectes. Et ainsi, par une combinaison étrange de découvertes réelles, de faits bien observés et mal interprétés, d'hypothèses plus ou moins vraisemblables, naquit dans son esprit la doctrine générale de la préexistence des germes chez les animaux ; doctrine qu'il étendit aux plantes elles-mêmes puisque la graine, qui est l'œuf végétal, contient déjà la plante future. « Dans la nature, disait-il, il n'y a pas génération, mais seulement propagation, accroissement des parties et exclusion de tout hasard... On explique ainsi la corruption originelle, puisque tout ce qu'il y a eu d'hommes était déjà enfermé dans les reins d'Adam et d'Ève. Quand ces œufs seront épuisés, l'espèce humaine finira[1]. » Pour l'esprit mystique de Swammerdam, la préexistence des germes devenait un dogme religieux ; c'était l'explication physique du péché originel.

Cette doctrine, ainsi ébauchée par Swammerdam, parut bientôt confirmée par les observations d'un autre physiologiste, non moins célèbre. Malpighi avait repris l'étude de la formation du poulet dans l'œuf ; il crut voir l'embryon avant l'incubation dans une cicatricule

---

[1] « Nullus mihi in rerum uatura generationi locus est, sed soli propagationi vel incremento partium, ubi casus omnis excludatur... Ipsius etiam originariæ corruptelæ fundamentum... jam inventum esset, cum quidquid est hominum in lumbis Adami et Evæ jam occlusum fuerit ; quibus ceu necessarium consequens adjungi posset exhaustis his ovis, humani generis finem adesse. » (SWAMMERDAM, *Miraculum naturæ sive uteri muliebris fabrica*, Leyde, 1772, p. 21.) — Voir aussi *Historia generalis insectorum*, p. 44, 1685.

féconde, et il s'imagina qu'il avait vérifié l'hypothèse d'Aromatari sur sa préexistence.

Je me suis demandé comment un observateur aussi habile que Malpighi avait pu commettre une pareille erreur. La lecture de son mémoire, et l'examen de la figure qu'il a donnée de cette cicatricule, m'ont prouvé, de la manière la plus certaine, que l'œuf étudié par Malpighi, bien qu'il n'eût pas été couvé, avait cependant éprouvé un commencement de développement. Aujourd'hui l'explication de ce fait est bien simple. L'œuf en question avait été pondu la veille. Malpighi nous apprend d'ailleurs qu'il avait fait cette étude à Bologne, au mois d'août et par une très-grande chaleur. Or, mes expériences m'ont appris qu'à une température relativement peu élevée (28° à peu près), l'embryon commence à se développer, mais qu'il périt de très-bonne heure. Evidemment le fait observé par Malpighi était un fait de ce genre. L'observation qu'il avait faite était exacte, mais il en tirait une conséquence fausse, parce qu'il ignorait l'existence d'une condition physique qui devait produire une cause d'erreur. Combien pourrait-on citer de semblables faits dans l'histoire des sciences d'observation [1] !

[1] MALPIGHI, *De formatione pulli in ovo*, 1672, p. 12.

« In ovis pridie editis. et nondum incubatis (ut elapso augusti mense, magno vigente calore, observabam) cicatricula magnitudinem habebat A, hic a me ruditer delineatam. In cujus centro sacculus cinerei coloris, interdum ovalis B, quandoque alterius figuræ deprehendebatur.— In sacculo postea velut in amnio, dum solis radiis illum objiciebam, inclusum fœtum L animadvertebam, cujus caput cum appensæ carinæ staminibus patenter emergebat ; amnii enim rara et diaphana contextura frequenter translucebat, ita ut contentum appareret animal. Sæpius acus acie folliculum aperiebam, ut contentum animal in lucem prodiret, incassum tamen : ita enim mucosa erant adeoque minima, ut levi ictu singula lacerarentur. Quæ pulli stamina in ovo præexistere, altioremque originem nacta esse fateri convenit, haud dispari ritu ac in plantarum ovis. »

Les dimensions de la cicatricule observée prouvent évidemment qu'elle avait subi l'influence de l'incubation. Quant au prétendu *amnios* observé par Malpighi, ce n'était que l'espèce de sac formé par l'écartement du feuillet séreux et du feuillet muqueux lorsque l'embryon a péri de bonne heure. C'est un fait que j'ai souvent observé.

Wolff avait déjà supposé que l'observation de Malpighi devait tenir à l'action de la chaleur ; mais il n'avait pas remarqué que la formation du blastoderme, dans cette observation, indiquait nettement un commencement d'évolution. Voir le mémoire de Wolff, *De formatione intestinorum* dans les *Novi commentarii Petropolitani*. 1763, t. XII, p 432.

Il est curieux de voir que dans un second mémoire sur la formation du poulet, Malpighi, décrivant en figurant des cicatricules non développées, et qui n'avaient, comme il le dit, que le diamètre d'une lentille, crut y retrouver encore les rudiments de l'embryon. Cette fois il faisait ces observations au mois de février 1672 ; et par

Bientôt Malebranche, qui n'était pas seulement un grand philosophe, mais qui suivait avec la plus grande attention le mouvement scientifique de son temps, qui, même, nous le savons aujourd'hui, employait l'incubation artificielle pour suivre l'évolution du poulet[1], développa cette doctrine dans son célèbre livre de *la Recherche de la vérité*, et lui donna une sorte de consécration [2].

Ainsi, l'origine des êtres vivants n'était plus un fait naturel ; c'était un fait surnaturel, placé en dehors et au-dessus de la science ; en d'autres termes, un véritable miracle.

La doctrine de la préexistence, entrant ainsi dans la science avec l'autorité des plus grands noms de la physiologie et de la métaphysique, fut acceptée sans contestation. Elle a persisté presque jusqu'à nos jours. Cuvier lui-même, après de longues hésitations, s'y ralliait à la fin de sa carrière. « La vie ne peut s'allumer, disait-il, que dans des organisations toutes préparées ; et les méditations les plus profondes comme les observations les plus délicates n'aboutissent qu'au mystère de la préexistence des germes [3] ».

Nous pouvons dire aujourd'hui que cette doctrine, qui reléguait le problème de l'origine des êtres vivants dans une région inaccessible à la science, a exercé la plus funeste influence sur toutes les branches de la biologie, dont elle entravait l'essor en supprimant toutes les grandes questions. Pour ses adeptes, la physiologie se réduit à l'étude du jeu de la machine vivante, et l'histoire naturelle à la description des formes spécifiques, absolument invariables, puisqu'elles résultent uniquement d'un acte primitif de la puissance créatrice. Quant à l'embryogénie, elle n'existe point, puisque, dans l'évolution, tout se

conséquent les œufs qu'il observait n'avaient pas été le siège d'un commencement d'évolution. Telle est la puissance des idées préconçues sur les meilleurs esprits ! Comment se fait-il cependant que la différence de diamètre des cicatricules observées pendant l'hiver et pendant l'été ne l'ait pas mis sur la voie ? Voir son mémoire intitulé : *Appendix repetitas auctasque de ovo incubato observationes continens*, octobre 1672.

[1] Voici une lettre du P. Daniel, récollet, au P. Poisson, supérieur de Vendôme, publiée par l'abbé BLAMPIGNON dans son livre sur Malebranche.

Orléans, 16 avril 1870.

« Monsieur et révérend père, le R. P. de Malebranche m'a fait l'honneur de m'écrire qu'il a présentement un fourneau où il fait couver des œufs, et qu'il en a déjà ouvert dans lesquels il a vu le cœur formé et battant, avec quelques artères... »

[2] MALEBRANCHE, *Recherche de la vérité*. 1672, lib. I, cap. VI, part. 1. Voir aussi les *Entretiens sur la métaphysique*.

[3] CUVIER, *Règne animal*, 1re éd., t. I, p. 20, 1817.

borne à l'augmentation de volume de parties préexistantes. Ainsi la science était enfermée dans un cercle étroit. Toute tentative pour en sortir était une déception, presque une impiété.

Je me borne à signaler les conséquences générales de cette doctrine. Ici, nous ne devons nous occuper que de son influence sur la tératogénie.

VI. Comment concevoir l'origine des monstres dans une pareille doctrine ?

On peut l'expliquer tout d'abord par l'altération consécutive d'un être primitivement parfait. Swammerdam l'indique quelque part : il attribue la formation des monstres à une modification du germe produite au moment de la fécondation [1]. Malebranche admet également que la formation des monstres est due à l'action des lois de la nature, ou, comme on le disait alors, *des causes secondes* venant modifier la direction naturelle de l'accroissement. « Les corps organisés, disait-il, dépendent de la première construction de ceux dont ils naissent; et il y a bien de l'apparence qu'ils ont été formés dès la création du monde, non pas néanmoins tels qu'ils paraissent à nos yeux, et qu'ils ne reçoivent plus, par le temps, que l'accroissement qui les rend visibles. Néanmoins, il est certain qu'ils ne reçoivent cet accroissement que par les lois générales de la nature, selon lesquelles tous les autres corps sont formés, ce qui fait que leur accroissement n'est pas toujours régulier et qu'il s'en engendre de monstrueux [2]. »

Mais il est clair que, dans cette manière de concevoir l'origine des monstres, Swammerdam et Malebranche reculaient devant une des conséquences nécessaires de la doctrine de la préexistence des germes. S'il n'y a point de génération, pour parler avec Swammerdam ; si l'évolution d'un être vivant consiste uniquement dans l'accroisse-

---

[1] SWAMMENDAM, *Historia generalis insectorum*, p. 46. « Facile intelligis, ex vitiosa et deformi typorum combinatione oriri monstra ; facile intelligis ex defectu aut corruptione hujus illius typi, partis istius corruptionem oriri aut defectum, cujus deest, corruptus ve est typus. ». Cette phrase, que je cite dans le mauvais latin du traducteur, serait par elle-même peu compréhensible. Mais je dois rappeler d'abord que ce qui est ici désigné sous le nom de *type*, c'est l'organisation primitive de l'embryon ; ensuite que Swammerdam explique un peu plus haut que dans la fécondation il y a combinaison des deux semences masculine et féminine, qui toutes les deux contiendraient un germe préexistant. On ne trouve, du reste, dans les écrits de Swammerdam, aucun autre passage faisant allusion aux germes qui seraient contenus dans l'élément mâle de la génération.

[2] MALEBRANCHE, *Eclaircissements sur le sixième livre de la Recherche de la vérité.*

ment de parties préexistant dans un état rudimentaire, et non dans
la formation successive de parties nouvelles, pourquoi n'étendrait-on
pas cette manière de voir aux monstres eux-mêmes? Pourquoi n'admettrait-on pas que les monstruosités, elles aussi, *préexistent*; qu'il
y a des germes originairement monstrueux, comme il y a des germes
originairement normaux? Mais, s'il en est ainsi, les monstres seraient
l'ouvrage immédiat du créateur. Peut-on admettre que la sagesse
infinie aurait créé des êtres imparfaits et privés de certaines conditions de viabilité? Swammerdam et Malebranche ne pouvaient le
croire. Mais un autre philosophe, Régis, qui s'était fait, sur ce point,
comme sur beaucoup d'autres, le contradicteur de Malebranche,
accepta complétement cette conséquence singulière de la doctrine :
« Rien ne nous empêche, disait-il, de croire que les germes des monstres ont été produits au commencement, comme ceux des animaux
parfaits, et que la génération ne fait pas autre chose à leur égard que
de les rendre plus propres à croître d'une manière sensible, sans
qu'il importe de dire que Dieu ne peut être l'auteur des monstres, et
qu'il le serait néanmoins si les germes des monstres étaient depuis
le commencement; car il est aisé de répondre qu'il n'y a rien dans
le monde, hormis le mal moral, dont Dieu ne soit l'auteur, et qu'il
ne produise lui-même, très-positivement, quoique librement. [1] »
Toutefois, Régis n'admettait pas cette proposition comme générale;
il ne la considérait que comme applicable à certains cas particuliers.

Telle qu'elle se posait, entre Malebranche et Régis, la question de
l'origine des monstres était donc une question toute métaphysique
qui pouvait se formuler en ces termes : Dieu est-il l'auteur des
monstres? Malebranche se refusait à l'admettre. Régis pensait, au
contraire, que si les êtres normaux démontrent la sagesse infinie, les
monstres démontrent la puissance infinie du Créateur. Mais bientôt la
question descendit de ces hauteurs dans le domaine des faits.

VII. La première idée que suggère la vue des monstres est celle de
l'irrégularité et du désordre. Mais lorsque, dans les dernières années
du dix-septième siècle, on commença à les soumettre à l'observation
anatomique, on reconnut bientôt que leur organisation est aussi régulière que celle des êtres normaux, quoique d'une autre façon. Ce
n'est point le désordre, c'est un ordre nouveau. C'est là, je l'ai dit

[1] Régis, *Système de philosophie*, t. III, lib. VIII, part. 1, cap. IX.

plus haut, le point de départ de la constitution scientifique de la tératologie.

Comment expliquer cette régularité des êtres monstrueux dans la doctrine de la préexistence des germes? Sans doute, on pouvait supposer que des accidents, des causes fortuites, intervenant au moment de la fécondation, comme le pensait Swammerdam, ou postérieurement à cet acte physiologique, comme le pensait Malebranche, auraient, dans une certaine mesure, modifié la forme, la structure, la grandeur, la position d'organes préexistants. Mais les faits tératologiques où ces explications peuvent paraître vraisemblables sont très-restreints. Il était impossible de comprendre comment des causes accidentelles auraient détruit partiellement un arrangement primitif pour y substituer un autre arrangement ; comment elles auraient établi des connexions insolites des organes, et, par exemple, de nouveaux embranchements vasculaires, de nouvelles insertions des muscles. Il était impossible de comprendre comment des causes accidentelles auraient fait apparaître des organes qui n'existent point dans l'état normal. L'organisation des monstres doubles en particulier présente, à cet égard, des difficultés inextricables. Chez eux, l'existence, sur le plan d'union, d'organes appartenant par moitié à chacun des sujets composants, et pourvus de muscles, de nerfs, de vaisseaux dont l'arrangement est quelque chose de nouveau, ne pouvait être comprise autrement que comme un fait primitif. Tous ces faits, absolument inexplicables par la modification d'un état originel, conduisaient les anatomistes à adopter l'opinion de Régis sur l'existence des germes primitivement monstrueux, ou, en d'autres termes, sur la préexistence des monstres.

On trouve cette pensée exprimée pour la première fois par Duverney dans un mémoire publié en 1706. Ce célèbre anatomiste décrivait l'organisation d'un monstre double appartenant au type des Ischiopages, dans lequel deux embryons sont unis par la partie postérieure de leurs troncs. On avait jusqu'alors considéré les monstres doubles comme résultant de la soudure de deux embryons primitivement distincts. Duverney découvrait des faits étranges, des conformations organiques encore inconnues et dont on ne pouvait rendre compte par de simples faits accidentels d'adhérence et de soudure. Il concluait de ses observations qu'une pareille organisation ne pouvait être qu'originelle. « Si cette conformation, disait-il, ne venait que de l'union de deux œufs et d'une espèce de rencontre fortuite,

il faudrait qu'elle eût été fort heureuse... Tout y est d'un dessin conduit par une intelligence libre dans sa fin, toute-puissante dans l'exécution, et toujours sage et arrangée dans les moyens qu'elle emploie. Dans ce monstre, l'intelligence dont je parle a voulu produire deux corps humains joints ensemble... On ne peut se dispenser de supposer cette volonté, puisqu'on en voit si clairement l'exécution [1]. »
Ainsi Duverney admettait, au moins dans un cas particulier, le fait de la préexistence des monstres.

Quelques années après, une discussion célèbre qui s'éleva dans le sein de l'Académie des sciences de Paris eut pour résultat d'étendre et de généraliser cette doctrine.

En 1724, un membre de cette Société, Lémery, faisant la dissection d'un monstre double appartenant au type de la psodymie, c'est-à-dire qui présentait deux têtes portées sur un tronc unique dans la région inférieure, mais double dans la région supérieure, chercha à prouver que ce monstre n'était point originairement tel, et qu'il résultait de la fusion de deux embryons bien conformés. Duverney annonça qu'il combattrait cette opinion ; la mort l'empêcha d'accomplir son projet. Winslow vint à sa place défendre la doctrine de la monstruosité originelle. La discussion qui s'était produite d'abord à l'occasion d'un fait particulier s'étendit à la tératogénie tout entière ; elle dura dix-neuf ans, et ne se termina qu'en 1743 par la mort de Lémery [2].

La question se posa donc tout d'abord à l'occasion des monstres doubles. La pensée qu'un monstre double résulte de l'union et de la fusion plus ou moins complète de deux embryons primitivement distincts, naît spontanément dans l'esprit à la vue d'une semblable organisation. Lémery admit que, si deux œufs coexistent dans la matrice, des contractions insolites de cet organe peuvent les appliquer l'un contre l'autre ; puis que leur pression réciproque détruit plus ou moins complétement les parties en contact et détermine des adhérences entre les parties qui restent. Il est évident qu'en parlant ainsi, il accumulait les hypothèses les plus invraisemblables ; bien qu'il cherchât à les rendre plus admissibles en faisant remarquer que la mollesse et le défaut de consistance des tissus embryonnaires

[1] DUVERNEY, *Observations sur deux enfants joints ensemble*, dans les *Mémoires de l'Académie des sciences*. 1706.

[2] Voir les pièces de cette discussion dans les *Mémoires de l'Académie des sciences* de 1724 à 1743.

rendaient possibles chez eux des événements physiologiques absolument impossibles lorsque les organes ont acquis leur état définitif. D'ailleurs il n'expliquait en aucune façon la merveilleuse régularité des monstres doubles, régularité telle que, dans certains types, elle est même plus grande que celle des êtres normaux. Jamais *les accidents*, comme il disait, ou, en d'autres termes, le hasard n'aurait pu produire de pareils effets.

L'hypothèse de la formation des monstres par la modification accidentelle d'organisations primitivement normales, était plus facile à soutenir dans le cas des monstruosités simples ; car s'il existe des monstruosités simples, la symélie et la cyclopie par exemple, dans lesquelles on observe, comme chez les monstres doubles, des arrangements organiques nouveaux ; il en est d'autres chez lesquelles tout se borne à un simple changement dans la forme, la situation ou la structure des organes. Dans ces derniers cas, les causes accidentelles paraissaient plus facilement admissibles. Pour Lémery, ces causes accidentelles étaient des actions purement mécaniques, et particulièrement des pressions. Mais à la même époque, plusieurs médecins cherchèrent dans des événements de l'ordre physiologique les causes accidentelles des monstruosités. Les maladies ont souvent pour effet de modifier la structure des organes. Mais l'embryon lui-même est exposé à des maladies. Pourquoi n'admettrait-on pas que les maladies modifieraient d'une manière encore plus profonde les organes de l'embryon, lorsqu'ils sont encore dans cet état de demi-fluidité qui les caractérise à leurs débuts ; que même, dans certains cas, elles détermineraient leur destruction partielle ? Ainsi, certaines monstruosités ne seraient que le résultat d'altérations pathologiques. Par exemple, il y a des monstres chez lesquels l'encéphale et la moelle épinière sont remplacés par des poches remplies de sérosité. Un médecin de Montpellier, nommé Marcot[1], essaya, en 1716, d'expliquer un fait de ce genre par la production d'une hydropisie qui aurait détruit la substance nerveuse. Morgagni[2] développa plus tard cette théorie et lui donna une grande extension.

Ainsi le système des accidents, considérés tantôt comme des faits mécaniques, tantôt comme des faits pathologiques, paraissait accep-

---

[1] MARCOT, *Mémoire sur un enfant monstrueux*, dans les *Mém. de l'Acad. des sc.*, 1716, p. 329.
[2] MORGAGNI, *Epistola anatomica* XX, 56, dans les *Opera posthuma Valsalvœ*, 1840. Voir aussi *De sedibus et causis morborum*, passim.

table dans certains cas; et, dans ces cas, Winslow lui-même ne le rejetait pas. Mais ce système ne pouvait en aucune façon rendre compte de tous ceux où la monstruosité produit un ordre nouveau, c'est-à-dire un arrangement insolite, quoique régulier, des organes. Ici Winslow triomphait sans peine; et Lémery s'épuisait en vains efforts pour le contredire, d'autant plus que, tout médecin qu'il était, il était loin de posséder la science anatomique de son adversaire. Il arriva même un moment où les réponses lui manquèrent. Ce fut lorsque Winslow lui objecta le fait si curieux de l'inversion des viscères, où l'arrangement des organes est absolument le même que dans l'état normal, mais où il est renversé ; où le cœur et l'estomac occupent le côté droit, tandis que le foie occupe le côté gauche. Tout ce que Lémery put dire, c'est que les êtres affectés d'inversion des viscères ne sont pas des monstres.

Et cependant Lémery avait raison. Il avait entrevu la vérité ; mais il n'avait fait que l'entrevoir, arrêté qu'il était par la doctrine de la préexistence des germes. Nous pouvons dire aujourd'hui que les monstruosités résultent toujours de l'action de causes accidentelles, causes qui ne modifient point l'organisation toute faite, mais qui la modifient pendant qu'elle se produit, en donnant une direction différente aux phénomènes de l'évolution.

Mais alors l'existence de germes originellement monstrueux paraissait seule capable d'expliquer le plus grand nombre des faits tératologiques. Aussi les contemporains donnèrent-ils généralement gain de cause à Winslow, et, à leur tête, Haller lui-même. Ce grand physiologiste, coordonnant et commentant dans son traité *De monstris* [1] tous les cas d'anomalies et de monstruosités décrits et figurés dans les recueils scientifiques de son temps, les explique, pour la plupart, par le fait de la monstruosité originelle. Dans un petit nombre seulement, il fait intervenir les causes accidentelles qu'il attribue soit à des actions mécaniques, soit à des phénomènes pathologiques.

La doctrine de la préexistence des germes supprimait donc complétement la tératogénie, comme elle supprimait l'embryogénie elle-même. Or, bien que cette doctrine soit généralement abandonnée, son influence persiste encore. En France, l'embryogénie, surtout celle des animaux supérieurs, est à peine connue. On compterait facilement le nombre des personnes qui l'ont un peu étudiée. Il en ré-

[1] HALLER, *Opera minora*, t. III, 1768.

2

sulte que la plupart des auteurs qui traitent des questions spéciales
de la tératologie en sont encore aux idées de Lémery et de Winslow :
de Lémery, lorsque les faits semblent facilement s'expliquer par une
cause mécanique ou par une maladie de l'embryon ; de Winslow, lorsque ces explications font défaut. La tératologie n'est donc généralement considérée que comme un chapitre de l'anatomie [pathologi-
que, c'est-à-dire de cette branche des sciences médicales qui étudie
les désordres matériels produits par les maladies. Mais, bien que
l'imagination se soit donné pleine carrière pour expliquer les faits tératologiques par des causes mécaniques ou pathologiques, elle rencontre tôt ou tard une barrière infranchissable et se voit, finalement,
contrainte d'avouer son impuissance.

VIII. La science, ainsi fatalement arrêtée, ne pouvait reprendre
sa marche qu'en rejetant la doctrine de la préexistence. Mais on
croyait cette doctrine invariablement établie sur la base de l'observation ; l'observation seule pouvait la détruire.

Ce fut l'œuvre d'un physiologiste dont les travaux sont beaucoup
trop ignorés en France, Gaspard Frédéric Wolff. Dès le début de sa
carrière scientifique, il entreprit de soumettre la doctrine de la préexistence des germes au contrôle de l'observation, en constatant si
l'apparition des organes de l'embryon est conforme à ce qu'elle en-
seigne. La méthode était bien simple. Si l'embryon préexiste, si les
organes préexistent complètement formés dans l'embryon, leur absence, au début de l'évolution, n'est qu'apparente ; elle tient seulement à leur petitesse excessive qui les dérobe à notre vue, même
aidée par les plus forts grossissements du microscope. Quand ils ont
acquis l'accroissement qui les rend visibles, on doit les voir complétement formés, composés de toutes leurs parties et possédant leur
structure définitive. Au contraire, si les organes, n'existant pas au
début, se produisent à une certaine époque, on doit les voir se constituer peu à peu par une adaptation spéciale de certaines parties de
la masse embryonnaire primitive. Pour décider entre les deux opinions, Wolff étudia, à ce point de vue, la formation des vaisseaux
dans ce que l'on appelle la *figure veineuse* du blastoderme de l'œuf de
la poule. Il y a un moment où cet appareil vasculaire n'existe point, un
autre où il se manifeste. Comment cela se fait-il ? Wolff, par de nombreuses observations microscopiques, fut conduit à admettre que la
substance homogène du blastoderme se liquéfie partiellement, que,
par suite de cette liquéfaction partielle, elle se transforme en un amas

d'îlots de matière solide, séparés par des espaces vides remplis d'un liquide d'abord incolore, puis coloré en rouge, le sang; puis enfin que ces espaces vides se revêtent de membranes et forment des vaisseaux. Dans cette manière de voir, les vaisseaux ne préexistent point; ils se forment peu à peu par la modification de lacunes creusées dans le blastoderme [1]. Cette explication de la formation de la figure veineuse est généralement adoptée aujourd'hui, bien qu'elle ne soit peut-être pas exacte. Elle fut le premier argument à l'aide duquel Wolff entreprit de battre en brèche la doctrine de la préexistence des germes.

Haller répondit à Wolff. Après avoir, au début de sa carrière, combattu la doctrine de la préexistence, il s'y était rallié et la défendit jusqu'à sa mort, avec la plus grande énergie. Comme Wolff, Haller partit de l'observation directe et de longues études sur l'embryon de la poule. J'ai cherché vainement dans ses ouvrages les motifs de son changement d'opinion sur une question aussi importante. Quand on les étudie attentivement, on voit que le principal argument de Haller contre la doctrine de Wolff, c'est que la transparence et la demi-fluidité des organes dans leur premier état peuvent empêcher qu'on ne les voie. « Vous n'avez pas le droit, disait-il, d'affirmer que certains organes n'existent pas, par cela seul que vous ne les voyez pas. » C'est ainsi qu'il admettait que les vaisseaux existent dans le blastoderme avant que l'on voie la figure veineuse; mais qu'ils ne deviennent visibles que lorsqu'ils laissent entrer le sang, et qu'ils se dessinent sous la forme de lignes rouges [2].

Assurément Wolff aurait pu dire à Haller : « Mais comment pouvez-vous affirmer que des organes existent lorsque vous ne les voyez pas? » Il préféra répondre par des arguments scientifiques tirés de l'observation. Il publia, sous le titre modeste de *De formatione intestinorum* [3], un travail fort remarquable qui ruine complétement la doctrine de la préexistence. Entre autres découvertes, il y prouve, par les faits, que l'intestin se forme par le repli d'une lame qui se détache de la face inférieure de l'embryon; que le repli de cette lame produit une gouttière qui, peu à peu, se ferme dans sa partie inférieure et

[1] Wolff, *Theoria generationis*, 1759, passim.
[2] Haller, *Commentarius de formatione cordis in ovo incubato*. 1765. — *Commentarius de formatione cordis in pullo alter*, etc. 1715, dans les *Opera minora*, t. II. — Voir aussi les *Elementa physiologiæ*, t. VI.
[3] Wolff, *De formatione intestinorum præcipue, tum et de amnio spurio, aliisque partibus embryonis gallinacei nondum visis*, dans *Novi commentarii Academiæ scientiarum Petropolitanæ*, 1768 et 1769, t. XII et XIII.

se transforme en un tube fermé. Ainsi, le tube digestif ne préexiste point; il se constitue par la modification de certaines parties de la substance embryonnaire, et leur adaptation à certains usages physiologiques. Il en est de même pour toutes les autres parties de l'organisation. Partant de ces faits, Wolff s'élève à des considérations générales sur la formation des systèmes organiques par un procédé semblable à celui de la formation du tube digestif, et sur leur apparition successive [1]. Il avait entrevu la distinction des feuillets du blastoderme que Pander démontra en 1817, et qui devint le point de départ des travaux maintenant classiques de Baer, de Ratkhe, et de Remak, travaux qui ont définitivement fondé l'embryogénie du poulet. Ses observations sont tellement exactes, que, si elles ont été souvent complétées, elles n'ont jamais été contredites par celles de ses successeurs. Wolff est donc le créateur de l'embryogénie animale, de même qu'en botanique il est l'auteur de la théorie de la métamorphose de la plante, que Gœthe n'a fait plus tard que développer.

IX. La substitution de la doctrine de Wolff, que l'on appela doctrine de l'*épigenèse*, à celle de la préexistence des germes changeait complétement la notion de la vie. Les partisans de la préexistence ne considéraient la vie que comme le jeu d'une machine produite à l'origine même des choses. Dans les nouvelles idées que Wolff introduisit dans la science, la vie est la cause qui produit la machine elle-même, cette force intérieure que le germe recèle et qui le transforme peu à peu en un animal complet, par une série de créations successives d'organes, créations qui se ralentissent après la naissance, mais ne cessent complétement à aucune période de l'existence. Cette notion renouvelait la biologie tout entière. Ici nous n'avons à voir que ses applications à la science des monstres.

Si l'organisation ne préexiste point dans le germe, il n'existe pas, il ne peut exister de monstruosité originelle. L'anomalie et la monstruosité apparaissent à de certaines époques du développement, par

---

[1] WOLFF, *ibid.* « Primum medullare systema producitur quod certam speciem, certamve et determinatam figuram præ se fert. Post hoc absolutum massa carnea quam proprie embryonem constituere dicimus, secundum eamdem normam effingitur, quasi secundum animal, quoad externam figuram priori simile ex repetita eadem generationis actione prodiret. Tum tertium systema sanguineum in compertum venit, quod certe... non adeo prioribus dissimile est, quin communis descripta systematum figura facile agnoscatur. Hoc sequitur quartum, viæ cibariæ quæ iterum, ut totum aliquod absolutum et prioribus simile opus referant, secundum eamdem normam effinguntur. » (T. XII, p. 472.)

suite d'une modification dans l'évolution d'un organe isolé ou d'un nombre plus ou moins considérable d'organes. Elles sont donc le résultat d'un changement dans la direction de la force qui détermine l'apparition successive et la coordination des diverses parties de l'embryon. Ce ne sont plus des faits surnaturels, comme on l'admettait dans la théorie de la monstruosité originelle ; mais des faits naturels, et qui, comme tous les faits naturels, rentrent dans le domaine de la science.

La tératogénie ou, en d'autres termes, l'embryogénie des êtres anomaux, doit donc être constituée, comme celle des êtres normaux, par l'étude directe des changements successifs que l'évolution détermine dans l'organisation. A vrai dire, ces deux sciences n'en font qu'une ; elles ne sont que des points de vue spéciaux de cette partie de la biologie qui étudie la formation des êtres vivants.

X. Mais les moyens d'étude sont bien différents pour l'embryogénie normale et pour la tératogénie. On peut se procurer, plus ou moins facilement, des embryons normaux dans les espèces communes de chaque classe. Il n'en est pas de même des embryons monstrueux.

Les anomalies, et surtout les monstruosités, sont des faits relativement rares. En outre, lorsqu'elles se produisent, on ne peut, le plus ordinairement, en avoir connaissance qu'au moment de la naissance ou de l'éclosion. Comment aller les chercher dans la matrice des mammifères, ou dans l'œuf des oiseaux, lorsque rien ne peut faire prévoir qu'un embryon quelconque présente dans son organisation une déviation du type spécifique, et qu'avant toute autre considération toutes les probabilités semblent indiquer que l'évolution a suivi son cours normal?

Sans doute, l'emploi de l'observation simple n'est pas absolument impossible en tératogénie. Les embryogénistes ont rencontré de temps en temps des embryons monstrueux en ouvrant les œufs d'oiseaux qu'ils soumettaient à leurs études. Ceux qui ont étudié l'embryogénie des poissons ont même pu quelquefois reconnaître des formes monstrueuses sans briser la coquille transparente de leurs œufs, et suivre, pendant plusieurs jours, leurs transformations successives. Mais ce sont des circonstances très-rares et entièrement fortuites. Les faits qu'elles permettent de recueillir sont beaucoup trop peu nombreux pour donner les éléments d'une étude vraiment scientifique.

A défaut de l'observation directe, on a dû se résoudre à chercher l'explication des formes anomales et monstrueuses dans leur comparaison avec les formes normales que l'embryon traverse pendant son évolution. En d'autres termes, on a cherché à déduire la tératogénie de l'association de la tératologie avec l'embryogénie normale.

Assurément on ne peut blâmer les physiologistes qui, en l'absence de tout autres documents, et dans l'impossibilité de constater directement les faits, ont cherché à les deviner par des considérations purement théoriques. Telle est la nature de l'intelligence humaine qu'elle se sent à l'étroit dans les bornes que la réalité lui impose ; impuissante à atteindre la vérité tout entière, et ne pouvant se résigner à la possession de notions certaines mais incomplètes, elle s'élance dans le champ des conjectures, même à la condition de n'y rencontrer que l'erreur. Reconnaissons que si c'est là sa faiblesse, c'est aussi sa grandeur.

Je ne rappellerai pas les nombreuses tentatives que l'on a faites pour constituer ainsi la tératogénie ; je les mentionnerai, dans le cours de cet ouvrage, à l'occasion de chaque fait particulier. Pour le moment, je me borne à faire remarquer que ces tentatives n'ont point toutes été vaines, qu'on a souvent pressenti la vérité, et que Meckel, puis Et. Geoffroy Saint-Hilaire en particulier, dans leurs efforts pour déterminer l'inconnue du problème, ont fait souvent preuve d'un véritable génie. Mais n'oublions jamais que l'hypothèse, quelque ingénieuse, quelque vraisemblable qu'elle soit, n'est point la science. Elle peut, elle doit toujours servir de guide ; mais elle n'acquiert droit de cité, si l'on peut parler ainsi, que lorsqu'elle est vérifiée par les faits ; en d'autres termes, lorsqu'elle cesse d'être hypothèse.

XI. Où donc trouverons-nous les éléments de la tératogénie ?

Puisque l'observation directe ne peut les procurer, il faut, de toute nécessité, les demander à l'observation provoquée, c'est-à-dire à l'expérience. Si les monstres ne préexistent point, s'ils résultent de causes accidentelles qui modifient le germe lorsqu'il se produit ou lorsqu'il se développe, ne peut-on pas essayer d'obtenir par des procédés artificiels ce que la nature réalise quelquefois, c'est-à-dire de provoquer l'apparition des monstres en modifiant les conditions physiques ou biologiques qui déterminent la production et l'évolution des êtres normaux ? Problème étrange et qui semble, à première vue, tout à fait inabordable ; qui même, à certaines époques, aurait pu paraître impie, mais devant lequel la science moderne ne peut ni ne doit reculer.

C'est là d'ailleurs l'œuvre quotidienne des sciences expérimentales. La chimie en offre un remarquable exemple. Elle forme de toutes pièces les corps qu'elle étudie, et trouve dans cette formation les lois qui régissent leur constitution ; en d'autres termes, *elle crée son objet*, suivant l'expression d'un des premiers chimistes de notre époque, M. Berthelot. C'est ainsi qu'elle est devenue la science non plus des corps réels, mais de tous les corps possibles. A l'exemple de la chimie, la tératogénie, elle aussi, doit créer son objet ; elle ne peut exister qu'à ce prix [1].

XII. Mais comment la tératogénie créera-t-elle l'objet de ses recherches ?

---

[1] « La chimie crée son objet. Cette faculté créatrice, semblable à celle de l'art lui-même, la distingue essentiellement des sciences naturelles et historiques. Ces dernières ont un objet donné d'avance et indépendant de la volonté et de l'action du savant : les relations générales qu'elles peuvent entrevoir ou même établir reposent sur des inductions plus ou moins vraisemblables, parfois même sur de simples conjectures dont il est impossible de poursuivre la vérification au-delà du domaine extérieur des phénomènes observés. Ces sciences ne disposent point de leur objet ; aussi sont-elles trop souvent condamnées à une impuissance éternelle dans la recherche de la vérité, ou doivent-elles se contenter d'en posséder quelques fragments épars et souvent incertains.

« Au contraire, les sciences expérimentales ont le pouvoir de réaliser leurs conjectures. Ces conjectures servent elles-mêmes de point de départ pour la recherche des phénomènes propres à les confirmer ou à les détruire ; en un mot, elles poursuivent l'étude des lois naturelles, en créant tout un ensemble de phénomènes artificiels qui en sont les conséquences logiques. A cet égard, le procédé des sciences expérimentales n'est pas sans analogie avec celui des sciences mathématiques. Ces deux ordres de connaissances procèdent également par voie de déduction dans la recherche de l'inconnu. Seulement, le raisonnement du mathématicien, fondé sur des données abstraites, conduit à des conclusions abstraites également rigoureuses ; tandis que le raisonnement de l'expérimentateur, fondé sur des données réelles toujours imparfaitement connues, conduit à des conclusions réelles qui ne sont point certaines, mais seulement probables, et qui ne peuvent jamais se passer d'une vérification expérimentale. Quoi qu'il en soit, il n'en est pas moins vrai de dire que les sciences expérimentales créent les objets, en conduisant à découvrir par la pensée et à vérifier par l'expérience les lois générales des phénomènes.

« Voilà comment les sciences expérimentales auront à soumettre toutes leurs opinions, toutes leurs hypothèses, à un contrôle décisif en cherchant à les réaliser. Ce qu'elles ont rêvé, elles le manifesteront en acte. » BERTHELOT, *Chimie organique fondée sur la synthèse.* (Préface.)

Tout en admettant la complète exactitude des idées émises par M. Berthelot, je dois faire une réserve relative à ce qu'il dit des sciences naturelles. Là aussi, la science expérimentale crée son objet. C'est ce que prouvent mes expériences de tératogénie. On peut espérer qu'un jour l'expérience ira plus loin. S'il est possible d'aborder la grande question, si controversée aujourd'hui, de l'origine des espèces, c'est la méthode expérimentale qui en fournira la solution.

Evidemment, si les germes se produisent et se développent en vertu de lois naturelles, leur production et leur évolution dépendent d'un certain nombre de conditions physiologiques ou physiques ; elles doivent, par conséquent, être modifiées par une modification de ces conditions elles-mêmes.

Nous sommes bien loin de connaître encore toutes les conditions extérieures qui concourent à la production du germe et à l'évolution de l'embryon, et, par conséquent, toutes les causes qui peuvent modifier ces phénomènes. Mais il est évident que ces causes, quelque nombreuses qu'elles soient, peuvent être partagées en trois groupes, suivant l'époque où leur action s'exerce.

Elles peuvent modifier l'élément mâle ou l'élément femelle de la génération, avant qu'ils s'unissent pour former un nouvel être ; elles peuvent modifier la manière dont s'opère l'union de ces éléments, c'est-à-dire le phénomène de la fécondation ; enfin elles peuvent modifier l'évolution du germe fécondé.

Il est évident, tout d'abord, que ces trois groupes de causes modificatrices, si elles sont toutes les trois également efficaces pour déterminer la production des monstruosités, ne sont pas également, et avec la même facilité, accessibles à l'expérimentation.

La biologie, dans son état actuel, ne donne aucun moyen d'agir sur les éléments mâle et femelle de la génération. Mais les progrès de la science sont indéfinis ; ils permettront peut-être un jour d'aborder une question qui nous paraît aujourd'hui complétement fermée.

Il est un peu moins difficile de modifier le phénomène de la fécondation, du moins chez les espèces à fécondation extérieure. Le procédé des fécondations artificielles permet peut-être, dans certains cas, de produire des monstres. Mais là encore, dans les conditions actuelles, l'emploi de ce procédé est d'une application très-restreinte [1].

---

[1] Je dois rappeler ici que la théorie qui rattache la formation des monstres à la fécondation a régné longtemps dans les croyances populaires et même dans les idées scientifiques. Telle est, par exemple, l'opinion qui attribue certains monstres à l'union d'espèces distinctes. On voit encore, dans les écrits du siècle dernier, beaucoup de savants croire à la possibilité d'un accouplement fécond entre des espèces très-différentes. Il est triste d'avoir à ajouter que les femmes qui enfantaient des monstres ont été souvent victimes de cette erreur scientifique, et que plusieurs ont payé de leur vie des crimes impossibles. Je lisais naguère dans les écrits de Bartholin, qu'une jeune fille qui avait mis au monde un monstre *à tête de chat* (*Katzenkopfe*, c'est le nom allemand des anencéphales), fut brûlée à Copenhague, en 1683, *ob lasciviorem*

En est-il de même des actions modificatrices qui s'exerceraient sur le germe, postérieurement à la fécondation ?

Wolff, tout en combattant la doctrine de la préexistence des germes, et en se séparant sur ce point de Duverney et de Winslow, avait été frappé, comme ces grands anatomistes, de la régularité des formations monstrueuses et des arrangements nouveaux que présentent alors les organes ; il se refusait à expliquer ces faits par des causes accidentelles. Considérant la vie comme une force déposée dans le germe, et produisant la succession de phénomènes embryogéniques, il ne pensait pas que le mode d'action de cette force pût être changé par des causes extérieures. Pour que l'évolution embryonnaire fût modifiée, il fallait qu'elle le fût dans la cause qui la détermine, c'est-à-dire par des actions antérieures à la fécondation, ou du moins contemporaines de cet acte physiologique. En d'autres termes, dans la pensée de Wolff, si le germe n'est point originairement monstrueux, il est du moins, dès l'époque de la fécondation, prédisposé à la monstruosité. Wolff s'était contenté d'indiquer cette théorie d'une manière générale [1]. Meckel la reprit, au commencement de ce siècle, et en fit l'application aux différents faits de la tératologie [2]. La conséquence de cette doctrine, c'est qu'au moment de la fécondation le germe est déjà, sinon réellement, du moins virtuellement monstrueux. Toutes les tentatives pour produire des monstres, par des influences agissant postérieurement à la fécondation, seraient donc vaines [3].

Mais il est évident, tout d'abord, que l'objection fondamentale opposée par Wolff à la théorie des causes accidentelles agissant posté-

cum fele jocum. Et ce grand anatomiste, qui fut l'un des auteurs de la découverte des vaisseaux lymphatiques, parle de ce fait comme de la chose la plus simple. L'accroissement du bien-être matériel de l'humanité par les progrès de la science est devenu aujourd'hui une sorte de lieu commun ; quand donc nous parlera-t-on des bienfaits de la science dans l'ordre moral ?

[1] WOLFF, De ortu monstrorum, dans les Novi commentarii Ac. scient. Petropol., t. XVII, p. 560. 1772.

[2] MECKEL, Handbuch der pathologischen Anatomie, 1812 à 1816. Il est souvent revenu sur ces idées dans ses publications ultérieures.

[3] La théorie tératogénique de Wolff et de Meckel, bien qu'essentiellement différente de celle de Duverney et Winslow, puisque les derniers admettaient, et que les premiers rejetaient la doctrine de la préexistence des germes, s'y rattache cependant par ce fait qu'elle rejette entièrement l'action des causes extérieures. Il en est résulté qu'on a souvent considéré Wolff et Meckel comme des partisans de la monstruosité originelle. Meckel et Geoffroy Saint-Hilaire eurent à ce sujet une discussion d'autant plus curieuse qu'évidemment les deux adversaires ne se comprenaient pas. J'y reviendrai dans le cours de ce livre.

rieurement à la fécondation, celle qu'il tirait, comme Duverney et Winslow, de la régularité des monstres, cesse d'être fondée lorsqu'on rejette la doctrine de la préexistence des germes. On ne s'explique pas comment Wolff, qui ruina cette doctrine, n'ait pas reconnu cette conséquence de ses travaux. En effet, si l'on ne peut admettre qu'une cause accidentelle détruise un arrangement primitif pour lui substituer un arrangement nouveau, comme le croyait Lémery, cette considération cesse d'être applicable si l'on admet que les causes accidentelles n'ont d'autre effet que de modifier les forces qui déterminent l'évolution même du germe, et produisent peu à peu son état définitif. Il est bien clair que, dans cette hypothèse, les causes modificatrices ne peuvent agir qu'en vertu de certaines lois, et que, par conséquent, l'évolution de l'embryon soumis à l'action de ces causes doit toujours aboutir à une formation régulière bien qu'anormale. C'est ainsi que la régularité des monstres, qui, pour les partisans de la préexistence des germes, est absolument inconciliable avec la doctrine des causes accidentelles, peut s'accorder parfaitement avec cette doctrine, pour les physiologistes qui n'admettent pas la préexistence des germes.

D'ailleurs l'examen, même superficiel, des conditions de l'évolution embryonnaire, semble indiquer l'existence de ces causes modificatrices dont l'action s'exercerait sur le germe fécondé.

Sans doute, l'influence des conditions physiques extérieures sur l'embryon n'est pas immédiatement évidente chez les animaux vivipares, dont le développement s'opère en entier dans la cavité utérine. Mais il n'en est pas de même pour l'embryon des ovipares. Prenons pour exemple l'œuf des oiseaux. Il n'y a rien dans la cicatricule de l'œuf fécondé et pondu qui ressemble à un embryon. La force quelconque, encore inconnue, qui y produira l'embryon, y existe sans doute, mais à l'état latent, tant qu'une cause physique extérieure ne vient pas la mettre en action. On sait que l'œuf fécondé peut rester sans se développer pendant un certain temps, deux ou trois semaines, sans perdre pour cela sa faculté germinative. Pour que la force embryogénique se manifeste, il faut de toute nécessité que l'œuf soit soumis à l'incubation.

L'influence de l'incubation sur la production d'un embryon peut sembler au premier abord tout à fait mystérieuse ; mais elle se réduit à l'action d'une certaine température. La poule qui couve n'agit sur l'œuf qu'en lui communiquant la chaleur qu'elle produit : ce qui le prouve, c'est la possibilité de remplacer la chaleur de la poule par celle que l'on produit dans l'incubation artificielle. L'œuf subit d'ailleurs, pendant l'incubation, d'autres influences. La coquille est poreuse et se prête à des échanges de gaz entre les substances qu'elle contient et l'atmosphère. L'air pénètre dans son intérieur ; les produits de l'évaporation et de la combustion respiratoire de l'embryon sortent de l'œuf en traversant ses parois.

Tous ces faits qui prouvent que l'évolution de l'embryon est soumise à des conditions physiques, devaient faire penser qu'une modification dans ces conditions physiques modifierait l'évolution elle-même; mais l'expérience, et l'expérience seule, pouvait en donner la démonstration.

XIII. La pensée de modifier un animal en voie de développement paraît s'être produite pour la première fois dans l'esprit de Swammerdam. Ce grand physiologiste, cherchant, dans ses études sur les métamorphoses des insectes, à se rendre compte de toutes les conditions de la transformation des chrysalides en papillons, avait remarqué que les ailes et les pattes de ces animaux présentent fréquemment des anomalies ; et, persuadé que ces anomalies tenaient à une métamorphose vicieuse, il avait eu l'idée de les reproduire en soumettant les chrysalides à certaines expériences. Malheureusement, le récit de ces expériences n'a pas été retrouvé dans la collection de ses mémoires que Boerhaave publia en 1737 [1].

Il est assurément fort regrettable que ces expériences de Swammerdam soient complétement perdues pour nous. Ce grand naturaliste qui, dans sa vie trop courte, découvrit tant de choses et souleva tant de questions, avait certainement fait, dans ce domaine, d'importantes

---

[1] SWAMMERDAM. « Ulterius (modo otium atque opportunitatem nanciscamur) artificium describemus, quo fieri potest ut alæ monstrosæ vel deformes crescant ; variasque præterea proponemus encheireses, tam ad harumce alarum accretionem, quam ad humorum, qui per alarum vasa feruntur, motum attinentes. Tandem etiam indicabimus quomodo in his ipsis alis, pustulæ, tubercula, phlyctenæ et similia excitari possint : imo plura insuper alia adjungemus, inaudita hactenus experimenta curiosa, physicis æque ac medicis haud contemnendos fructus allatura. » (*Biblia naturæ*, p. 552.)

« Facile est intelligere, quamobrem multi papiliones deformes nascantur : quando nimirum eorum membra sub mutationis periodo, haud probe in unum compacta fuerunt, prout frequenter accidit. Imo plus vice simplici videre mihi contigit eos ob hunc defectum arefactos interiisse. Id ipsum vero arte, et certa quadam encheiresi quoque effici potest, ut papiliones deformati in lucem proveniant. » (*Ibid.*, p. 557.)

Voir à ce sujet BARTHÉLEMY, *Des monstruosités naturelles et provoquées chez les lépidoptères* (*Ann. des sc. nat.*, 5e série, *Zool.*, t. I, p. 225, 1864).

découvertes, bien que la doctrine de la préexistence des germes, dont il est l'auteur, l'ait probablement empêché d'en tirer toutes les conséquences. Toutefois, les insectes appartiennent à un type tellement différent de celui des animaux vertébrés, que ces expériences ne pouvaient s'appliquer que très-incomplétement à l'explication de monstruosités qui se produisent chez les animaux supérieurs.

XIV. Il fallait donc tenter ces expériences chez les animaux vertébrés. Mais il est évident, avant toute expérimentation, que tous les germes ne se prêtent pas, avec la même facilité, à de pareilles modifications dans les conditions extérieures de l'évolution.

L'embryon des mammifères à placenta, qui se développe entièrement dans la cavité utérine, ne peut évidemment être soumis qu'avec de très-grandes difficultés à de semblables recherches, puisqu'on ne peut agir sur lui que par une modification de l'organisme maternel. Je crois toutefois que, même pour les embryons de cette classe, les difficultés ne sont pas insurmontables. Quelques essais que j'ai tentés dans cette voie, il y a quatorze ans, m'ont donné de légitimes espérances. Les conditions défavorables dans lesquelles je me trouvais alors, au point de vue de l'expérimentation, me contraignirent à y renoncer. J'espère pouvoir les reprendre prochainement.

Mais l'embryon des vertébrés ovipares, et, par conséquent, celui de l'oiseau, se prête bien plus facilement à l'expérimentation tératogénique. Chez ces animaux, le germe fécondé et doué par la fécondation de l'aptitude au développement, se sépare complétement de l'organisme maternel ; il en résulte que l'œuf qui le contient peut être soumis à toutes les influences que nous jugeons capables de modifier son développement.

L'évolution des oiseaux, et particulièrement l'évolution du poulet, présente d'ailleurs un autre avantage. Aucune n'est mieux connue, par suite des nombreuses études dont elle a été l'objet. Je pensais même, à l'époque déjà ancienne où j'ai commencé mes recherches, qu'elle pouvait me donner toutes les indications dont j'avais besoin. Mais ici, comme partout, la nature est inépuisable. J'ai reconnu, dans plusieurs circonstances, que les données de l'embryogénie normale étaient insuffisantes; et j'ai dû les compléter, sur certains points, par de nouvelles recherches. Mais, même avec ses imperfections actuelles, l'évolution du poulet a toujours été et restera longtemps encore le type de toutes les recherches d'embryogénie comparée ; comme l'anatomie de l'homme, si souvent étudiée par les médecins depuis l'époque de la Renaissance, a été le type de toutes les recherches de l'anatomie comparée. En choisissant l'œuf de la poule pour sujet de mes expériences, je pouvais donc restreindre, dans une proportion très-considérable, mes études d'embryogénie normale, pour me consacrer presque exclusivement aux recherches de tératogénie.

L'incubation naturelle se prête assez difficilement à ces sortes d'études. Il y a cependant quelques procédés d'expérimentation tératogénique qu'elle permet d'employer, comme la diminution ou la destruction partielle de la porosité de la coquille. Mais, à défaut de l'incubation naturelle, nous pouvons nous servir de l'incubation artificielle qui, mettant à notre disposition toutes les conditions physiques du développement, nous permet de les faire agir et de les modifier à notre gré. On peut, en effet, par l'emploi de cette méthode, imaginer un nombre presque infini de modifications des causes physiques qui déterminent l'évolution et même faire intervenir, dans certains cas, des causes physiques qui n'agissent point dans l'incubation normale.

Les Egyptiens pratiquent sur une grande échelle et depuis une époque dont la date est inconnue, l'industrie de l'incubation artificielle. Dès la Renaissance, on a souvent tenté de reproduire en Europe les procédés des Egyptiens. Il est inutile de faire le récit de ces diverses tentatives. Je me contente de dire que si, pendant longtemps, ces expériences ont donné des résultats insuffisants, cela tenait, pour une grande part, à l'imperfection des connaissances scientifiques qui ne permettait pas de déterminer exactement les conditions physiques de l'expérimentation. L'invention du thermomètre, celle du chauffage par la circulation de l'eau chaude, enfin celle des régulateurs de la température, ont transformé peu à peu les appareils d'incubation artificielle en appareils d'expérimentation scientifique qui fonctionnent avec la plus grande précision. De plus, la marche automatique de ces appareils, que l'on peut aujourd'hui très-facilement obtenir, supprime presque complétement la surveillance de l'expérimentateur, et annihile la cause peut-être la plus active des insuccès. Il est permis de penser que l'incubation artificielle est actuellement en mesure de déterminer l'évolution et l'éclosion des poulets avec beaucoup plus de certitude que l'incubation naturelle elle-même ; car nous savons que, même sous la poule, il y a beaucoup de poulets qui n'éclosent pas, très-probablement par suite de l'inégalité que l'échauffement des œufs présente toujours dans ces conditions.

Mais les perfectionnements des appareils d'incubation artificielle n'ont été complétement réalisés que dans ces dernières années. Aussi, pendant longtemps, les expériences faites pour obtenir des poulets sans l'aide de la poule ne réussissaient que par hasard. Les poulets périssaient fréquemment avant l'éclosion, et quand ils venaient à éclore, ils étaient souvent mal conformés et présentaient diverses anomalies.

Olivier de Serres, le célèbre auteur du *Théâtre d'agriculture*, décrit un appareil d'incubation artificielle qu'il avait vu fonctionner en France, et il ajoute : « Souventes fois advient que les poulets naissent difformes, défectueux ou surabondans en membres, jambes, ailes, crestes, ne pouvant toujours l'artifice imiter la nature [1]. » Quand on recherche dans les annales de la science le récit des expériences d'incubation artificielle tentées pendant le cours du dix-septième et du dix-huitième siècle, on y trouve la mention de faits analogues. Telles sont les expériences de Drebell et Heydon, en Angleterre, au commencement du dix-septième siècle [2]; celles du grand-duc de Toscane, Ferdinand II, à Florence (1644) [3]; celles du roi de Danemark, Christian IV (1644) [4]; celles de Réaumur, au milieu du siècle dernier [5]; celles de d'Harwood, profes-

---

[1] Ol. de SERRES, *Théâtre d'agriculture*, liv. V, chap. II, 1600.

[2] Th. BIRCH, *History of the Royal Society of London*, III, p. 455. « Sir Christopher Heydon, together with Drebell, long since in the minories hatched several hundred eyes..., but it had this effect, that most of the chickens produced that way were lame and defective, in some part or other. »

[3] ANTINORI, *Storia dell' Academia del Cimento*, Préface, p. 40. « Essi nascevano, ma però in generale mal simetrizzati, e colle membra mal formati, chi pareva in certo modo che cadessero loro da dosso ; il secondo o terzo giorno dopo nati cominciava a gonfiar loro stranamente gli occhi e poco dopo morivano. »

[4] Th. BARTHOLIN, *Epistolarum medicarum centuriæ*, 1663 à 1667, cent. IV, hist. 1190 ; cent. VI, hist. 1. « Ad quadragesimum ferme diem pipientes pulli excluduntur. Nec ad justam magnitudinem unquam perveniunt pulli, ob tenerrimam corpusculi constitutionem. » Ces faits sont absolument inadmissibles. Dans une autre expérience faite chez le chancelier Christian Thomas, Bartholin dit au contraire « Citius hic, quam sub gallina, excluduntur. »

[5] RÉAUMUR. « On a prétendu qu'il était plus ordinaire aux poulets de naître contrefaits et estropiés dans les fours que sous la poule... Quelquefois, à la vérité, des poulets y éclosent qui ont une jambe ou même leurs deux jambes trop jetées en dehors ; mon jardinier les nomme des *crapauds*, et ils sont assez bien nommés, parce qu'ils ne marchent presque que sur le ventre, ayant leurs jambes trop écartées. (*Art de faire éclore*, etc., t. II, p. 219.)

« J'en ai trouvé qui, bien que l'endroit par où était entré le jaune fût bien consolidé, avaient, en dehors de leur corps, des portions d'intestin les unes plus et les autres moins longues. On pourrait croire que ces parties n'avaient pas été renfer-

seur d'anatomie à Cambridge, au commencement de ce siècle [1].

Ainsi donc, les expériences d'incubation artificielle ont souvent donné naissance à des poulets mal conformés, bien que ces vices de conformation fussent généralement peu graves. Quelquefois seulement on obtenait des poulets dans lesquels un membre faisait plus ou moins défaut. Haller, qui rapporte plusieurs de ces faits, les attribue à l'inhabileté des expérimentateurs [2]. Il serait peut-être plus exact de les attribuer à l'imperfection des appareils et à l'irrégularité de leur marche. Aujourd'hui, avec les perfectionnements qu'on y a introduits, je n'entends pas parler de semblables événements.

Il est bien évident que ces expériences n'avaient jamais été faites dans le but de produire artificiellement des monstres et de réunir les éléments de la tératogénie. Toutefois, il est probable que le souvenir plus ou moins vague de ces faits, et surtout la mention que Haller en fit dans un livre qui acquit une très-grande publicité, les *Elementa physiologiæ*, firent naître dans certains esprits la pensée de provoquer la formation des monstres en modifiant les conditions physiques du développement du poulet.

Je trouve l'indication de ce fait dans la phrase suivante d'un livre fort bizarre publié en 1806 par un médecin nommé Jouard : « Tout le monde connaît les expériences faites sur la manière d'obtenir des monstres à volonté, soit en empêchant l'entier développement, comme on l'a fait sur des poulets produits par l'incubation artificielle, soit en facilitant l'union, l'assemblage des germes, comme on l'a fait sur le frai de poisson [3]. » Mais quelles sont ces expériences ? Évidemment, dans la seconde partie de cette phrase, l'auteur fait allusion aux expériences de Jacobi sur la fécondation artificielle, et à la fréquence des monstres doubles observés dans ces expériences.

mées dans la cavité du ventre dans le temps où tout le reste l'avait été, mais il n'en est pas moins probable qu'elles étaient une suite des efforts que le poulet avait faits pour naître, que ses efforts lui avaient coûté une descente ; c'est pour lui une maladie considérable qui le fait périr au bout de peu de jours. » (*Ibid.*, 1, p. 339.)

[1] PARIS, *A Memoir on the Physiology of the Egg read before the Linnean Society of London*, the 21 march 1809. « During the period that I was at College, the late sir Busick Harwood, the ingenious professor of anatomy in the University of Cambridge, frequently attempted to develope the egg, by the heat of his hotbed ; but he only raised monsters, a result which he attributed to the unsteady application of heat. » (P. 358.)

[2] HALLER, *Elementa physiologiæ*, t. VIII, p. 160. « Ex imperitia, ut puto, custodum, sæpe imperfecti prodeunt. »

[3] JOUARD, *Des monstruosités et bizarreries de la nature*, t. I, p. 250, 1806. Paris.

. Quant aux monstres produits dans l'incubation artificielle et dont il est question dans la première partie, je n'ai pu recueillir aucune indication précise à leur égard. Tout ce que j'ai pu trouver, c'est que Bonnemain, qui inventa le chauffage par la circulation de l'eau chaude et s'en servit pour l'incubation artificielle, dit avoir produit, en modifiant ses procédés d'incubation, des poulets qui n'auraient eu qu'une patte et une aile. Est-ce là l'expérience à laquelle Jouard fait allusion [1]?

XV. En 1820, la question entra dans une phase nouvelle.

Etienne Geoffroy Saint-Hilaire s'était proposé, dès le début de ses études zoologiques, de démontrer les analogies essentielles qui existent dans l'organisation des animaux vertébrés, ou ce qu'il appelait l'*unité de composition organique*. Après avoir, pendant vingt-cinq ans, cherché à appliquer ses idées aux organismes normaux, il entreprit de prouver que les monstruosités elles-mêmes ne font pas exception à la règle générale. Cela le conduisit à l'étude de la tératologie, dont il est le véritable créateur. Mais une intelligence comme la sienne ne pouvait s'arrêter, si l'on peut parler ainsi, au seuil des questions. Une fois engagé dans ces recherches, Geoffroy Saint-Hilaire devait aller jusqu'au bout, et tout en poursuivant l'étude des formes diverses de la monstruosité, se demander comment elles se produisent. Le procédé le plus sûr pour découvrir le mode de formation des monstres, c'était évidemment d'en provoquer la production. Dès 1820, c'est-à-dire dès l'année même où il commença ses études tératologiques, il institua des expériences sur la tératogénie.

La pensée de modifier l'organisation vivante en voie de développement n'était pas pour lui chose nouvelle ; elle s'était déjà présentée à son esprit, vingt ans auparavant, dans des circonstances très-remarquables. C'était pendant l'expédition d'Egypte. Tout en explorant avec une infatigable ardeur ce pays si curieux, alors presque entièrement inconnu ; tout en recueillant d'admirables collections qui sont encore aujourd'hui l'une des plus précieuses richesses du Muséum, Geoffroy Saint-Hilaire avait toujours devant l'esprit les grandes questions de l'histoire naturelle, et le problème de la détermination des organes

---

[1] BONNEMAIN, *Observations sur l'art de faire éclore et élever la volaille sans le secours des poules,* etc. Paris, 1816, in-16. Cette brochure est postérieure de dix ans à l'ouvrage de Jouard ; mais Bonnemain avait fait des expériences d'incubation artificielle au moins dès 1777. Il est donc possible que les expériences tératogéniques dont il parle soient antérieures à la publication de Jouard.

analogues. Mais une difficulté l'arrêtait : Comment expliquer, à ce point de vue, les différences qui existent entre les organes de la reproduction dans les deux sexes? Pensant « que les germes de tous les organes que l'on observe dans les différentes familles d'animaux à respiration pulmonaire existent à la fois dans toutes les espèces, et que la cause de la diversité infinie des formes qui sont propres à chacune, et de l'existence de tant d'organes à demi effacés, ou totalement oblitérés, doit se rapporter au développement proportionnellement plus considérable de quelques-uns », Geoffroy Saint-Hilaire supposa que les germes des organes des deux sexes coexistent chez tous les animaux, et même chez tous les êtres vivants ; et que, par des causes encore inconnues, il n'y a qu'un seul de ces germes qui se développe. Si cette hypothèse était vraie, on pourrait peut-être déterminer à volonté la production d'un sexe chez un embryon en le soumettant à l'action de causes déterminées.

Mais il fallait pour cela des expériences très-difficiles et surtout très-coûteuses. Geoffroy Saint-Hilaire fit connaître ses idées à ce sujet dans deux mémoires [1] qu'il lut à l'Institut d'Egypte ; il priait cette compagnie d'intervenir auprès du gouvernement de l'Egypte pour lui faire obtenir les fonds nécessaires à l'accomplissement de ses expériences. Elles étaient extrêmement variées et devaient porter à la fois sur des animaux pris dans les trois classes des mammifères, des oiseaux et des insectes. Mais il reconnut qu'il ne pourrait suivre simultanément des recherches si diverses, et il se restreignit à la classe des oiseaux.

[1] Ces mémoires sont restés inédits. On ne les connaît que par ce qu'en a dit Is. Geoffroy Saint-Hilaire dans l'ouvrage qu'il a consacré à son père : *Vie, Doctrine et Travaux scientifiques d'Et. Geoffroy Saint-Hilaire*, p. 137, 286 et 456.

Le petit-fils d'Et. Geoffroy Saint-Hilaire, M. Albert Geoffroy Saint-Hilaire, directeur du Jardin zoologique d'acclimatation, a bien voulu me confier une série de manuscrits de son grand-père, écrits pendant l'expédition d'Egypte. J'y ai trouvé les pièces suivantes : 1° un mémoire ayant pour titre : *Exposition d'un plan d'expériences pour parvenir à la preuve de la coexistence des sexes dans les germes de tous les animaux* ; lu à l'Institut d'Egypte le 5 brumaire an IX ; 2° un mémoire ayant pour titre : *Histoire naturelle de l'œuf, servant d'introduction aux expériences annoncées dans la dernière séance à l'égard des oiseaux, entreprises dans la vue d'arriver à des preuves directes de la coexistence des sexes dans les germes de tous les êtres vivants* ; lu à l'Institut d'Egypte le 1er frimaire an IX ; 3° un certain nombre de notes concernant ces projets d'expériences.

C'est à l'aide de ces précieux documents que j'ai pu me rendre compte de la manière dont Geoffroy Saint-Hilaire fut conduit à ses expériences de tératogénie.

La phrase que je cite dans le texte est tirée du premier de ces mémoires inédits. Elle a été citée par Is. Geoffroy Saint-Hilaire.

Les œufs d'oiseaux n'ont pas tous la même forme. Dans une même espèce les uns sont plus allongés, les autres plus courts. Une opinion très-ancienne rattache ces différences de forme aux différences de sexes [1]. Les œufs plus allongés produiraient des embryons mâles, ceux qui sont plus courts des embryons femelles. Si cette opinion était vraie, les physiologistes devaient y trouver un procédé pour changer les embryons mâles en embryons femelles, et *vice versa*, en changeant la forme des œufs. Geoffroy Saint-Hilaire voulut essayer l'expérience sur une très-grande échelle. Mais l'incubation naturelle ne lui paraissait pas propre à la faire réussir d'une manière com_plète. Il pensa donc à l'incubation artificielle, qu'il voyait pratiquer aux portes du Kaire et dont il avait étudié très-attentivement les procédés, et demanda l'installation d'un four à incubation, qui lui aurait servi à provoquer le développement de l'embryon, dans des conditions plus ou moins différentes de l'incubation naturelle.

Les événements de la guerre le forcèrent de renoncer à ces expériences [2]. Il les reprit en 1820, pour provoquer la formation des monstres, et découvrir les causes et les lois de leur formation. C'était un premier problème qu'il se proposait Mais derrière ce problème il en apercevait un autre, beaucoup plus général et bien autrement difficile, celui de l'origine des formes spécifiques. Les écrits de Lamarck venaient de rappeler l'attention des naturalistes sur la question, souvent soulevée, de l'origine des espèces et de leur formation par la modification de types spécifiques antérieurs. Or, il y a une liaison naturelle entre cette doctrine et celle des analogies essentielles de l'organisation à la démonstration de laquelle Geoffroy Saint-Hilaire avait voué sa vie. Il pensait donc que les expériences sur la production des monstres devaient lui donner les moyens d'appliquer la méthode expérimentale au problème de la formation des espèces. Il le dit très-expressément dans un travail dont le titre seul est significatif : *Mémoire où l'on se propose de rechercher dans quels rapports de structure organique et de parenté sont entre eux les animaux des âges historiques et vivant actuellement, et les espèces antédiluviennes*

[1] On la trouve exprimée dans PLINE : « Ova... feminam edunt quæ rotundiora gignuntur, cætera marem. » (*Hist. nat.*, X, 74.)

[2] Je n'ai trouvé dans les notes que m'a remises M. Albert Geoffroy Saint-Hilaire aucune mention relative à l'exécution de ces expériences sur les œufs. Mais j'y vois l'indication d'expériences commencées, à l'aide de semis de graines de chanvre et d'épinards, sur la formation des sexes dans les plantes dioïques.

et perdues[1]. En voici quelques passages : « J'avais pensé que quelques expériences de physiologie pourraient être entreprises au profit de questions de géologie antédiluvienne... Je cherchais à entraîner l'organisation dans des voies insolites... Le but secret de mes recherches fut l'examen d'un principe qui domine la plus haute question de l'organisation animale. Ici je parle de la théorie philosophique connue sous le nom de *préexistence des germes*... C'était l'unique moyen de savoir si les organes se sont modifiés, et si, se transformant les uns dans les autres, ils ont, pour ce fait, subi une suite infinie de diversités. Or, j'en vins à croire que l'expérience faite sur une grande échelle pour faire dévier l'organisation de la marche naturelle me donnerait les résultats cherchés. »

Geoffroy Saint-Hilaire employa d'abord l'incubation naturelle (1820 et 1822). Mais ce procédé ne comporte que l'emploi d'un nombre très-restreint de causes modificatrices. Il n'obtint donc que des résultats insignifiants.

En 1826, il put agir sur une plus vaste échelle à l'aide de l'incubation artificielle. On avait fondé de grands établissements d'incubation artificielle à Auteuil et à Bourg-la-Reine ; ils furent mis à la disposition de Geoffroy Saint-Hilaire, qui y fit de nombreuses expériences. Mais ces établissements, dont l'installation très-défectueuse ne se prêtait pas mieux à l'expérimentation scientifique qu'à l'exploitation industrielle, n'eurent qu'une très-courte existence. Geoffroy Saint-Hilaire fut donc contraint d'abandonner les recherches qu'il avait entreprises, et qui auraient exigé une longue durée.

D'ailleurs, il faut reconnaître que ces recherches étaient, à bien

---

[1] Voici l'indication des mémoires de Geoffroy Saint-Hilaire dans lesquels il a consigné les résultats de ces expériences : *Des différents états de pesanteur des œufs au commencement et à la fin de l'incubation*, dans le *Journal complémentaire des sciences médicales*, t. VII, p. 271, 1820. — *Philosophie anatomique*, t. II, p. 509 et suiv., 1822. — *Description d'un monstre humain né avant l'ère chrétienne, et considérations sur le caractère des monstruosités dites anencéphales*, dans les *Ann. des sc. nat.*, t. VI, p. 357, 1825. — *Sur des déviations organiques provoquées et observées dans les établissements d'incubation artificielle*, dans les *Mémoires du Muséum*, t. XIII, p. 289, 1826. — Article MONSTRE, dans le *Dictionnaire classique d'histoire naturelle*, t. XI, p. 121, 1827. — *Des adhérences de l'extérieur du fœtus considérées comme le principal fait occasionnel de la monstruosité*, dans les *Archives générales de médecine*, t. XIV, p. 392, 1827. — *Mémoire où l'on se propose de rechercher quels rapports de structure organique ou de parenté ont entre eux les animaux des âges historiques et vivant actuellement, et les espèces antédiluviennes et perdues*, dans les *Mémoires du Muséum*, t. XVII, p. 209, 1829. Voir aussi CUVIER, *Histoire des progrès des sciences naturelles*, t. VI, p. 227, et suiv. Cuvier a reproduit une note entièrement écrite par Geoffroy Saint-Hilaire.

des égards, prématurées. On ne possédait pas alors des connaissances d'embryogénie normale suffisantes pour servir de point de départ à des études de tératogénie. Les travaux de Wolff et de Pander étaient à peine connus en France ; ceux de Baer ne furent publiés qu'en 1828. L'embryogénie des monstres manquait donc à cette époque d'une base solide.

Et cependant, malgré ces conditions si défavorables, Geoffroy Saint-Hilaire réussit à produire des monstres. J'ai souvent entendu contester le fait. Cherchant à m'éclairer sur ce point et sachant, par les mémoires de l'illustre naturaliste, qu'il avait conservé les produits de ses expériences, j'ai voulu retrouver ces précieux documents. Je me suis adressé, dans ce but, en 1862, à Fl. Prévost, qui avait été pendant longtemps son collaborateur. Nous avons cherché ces pièces dans un grenier du Muséum, où se trouvaient entassés tous les matériaux qui ont servi à la préparation des grands travaux de son maître. Nous n'avons pu retrouver les pièces elles-mêmes ; mais nous avons eu la bonne fortune de mettre la main sur deux planches gravées restées inédites, et sur lesquelles j'ai retrouvé un certain nombre des monstres artificiels qu'il a décrits. L'examen de ces dessins, et leur comparaison avec les mémoires de Geoffroy Saint-Hilaire, ne me laissent aucun doute sur la réussite de ses expériences.

Geoffroy Saint-Hilaire a donc prouvé, contrairement à Wolff et à Meckel, qu'un changement dans les conditions physiques qui déterminent l'évolution peut modifier l'évolution elle-même, et que, par conséquent, les anomalies et les monstruosités ne proviennent pas uniquement d'une virtualité déposée dans le germe au moment de la fécondation ou antérieurement à cet acte physiologique. Il semblait donc faire revivre la théorie de Lémery sur les causes accidentelles, de même que Wolff et Meckel paraissaient continuer l'œuvre de Duverney et Winslow. Mais la doctrine de Geoffroy Saint-Hilaire ne ressemble qu'en apparence à celle de Lémery ; car, pour ce dernier, qui croyait à la préexistence des germes, la monstruosité n'était et ne pouvait être que la modification accidentelle d'un organisme complétement formé, et primitivement normal ; tandis que, pour Geoffroy Saint-Hilaire, elle est le produit d'une évolution troublée par des causes extérieures.

Ce travail sur la production artificielle des monstruosités est assurément l'un des plus beaux titres de Geoffroy Saint-Hilaire. Mais ce grand naturaliste se contenta d'ouvrir la voie. Entraîné par cette ar-

deur de génie qui le portait à la fois vers les questions les plus diverses, il n'avait pas le loisir de suivre patiemment des expériences de
longue haleine, et dont le succès exige impérieusement, comme condition première, la plus infatigable persévérance. Il avait imaginé la
méthode nécessaire pour la création d'une branche nouvelle des
sciences biologiques ; il laissait à d'autres le soin de l'appliquer.

XVI. Depuis Geoffroy Saint-Hilaire, quelques physiologistes ont
signalé le fait de la production des monstres dans l'incubation artificielle.

Prévost et Dumas parlent de ces faits dans leur célèbre travail sur le
développement du poulet qu'ils publièrent en 1826, mais en se bor-
nant à une simple indication. Les résultats qu'ils ont obtenus sont,
par conséquent, perdus pour la science [1].

Allen Thomson, dans un mémoire sur les monstres doubles, publié
en 1844, dit avoir répété avec succès les expériences de Geoffroy Saint-
Hilaire, et obtenu les mêmes résultats ; mais il n'entre, à leur égard,
dans aucun détail [2].

XVII. Tel était l'état de la question, lorsque j'ai entrepris, il y a
vingt-cinq ans, une longue série de recherches, pour répéter les expériences de Geoffroy Saint-Hilaire sur la production artificielle des
monstruosités. Travaillant seul et sans aide, et dans les conditions
les plus défavorables — à Paris d'abord, avec mes ressources person-
nelles ; plus tard à Lille, avec les ressources tout à fait insuffisantes
d'un laboratoire d'une Faculté de province, où tout me manquait,
même la place — j'ai dû lutter contre d'innombrables difficultés, et je
n'ai pu avancer qu'avec une très-grande lenteur. Je suis arrivé, toutefois,
à produire artificiellement presque tous les types de la monstruosité
simple ; et bien que je n'aie pu provoquer la production de la mon-

---

[1] Prévost et Dumas, *Mémoire sur le développement du poulet dans l'œuf*, dans les
Annales des sciences naturelles, 1re série, t. XII, p. 417.— Dumas, art. Œuf, du *Dictionnaire des sciences naturelles*. — *Rapport sur le mémoire de M. André Jean*, relatif
à l'amélioration des races de vers à soie, dans les *Comptes rendus de l'Acad. des sciences*, t. XLIV, p. 296. Prévost, qui reprit plus tard avec M. Lebert ses recherches sur
le développement du poulet, avait, à ce qu'il paraît, entrepris, avec son nouveau collaborateur, des expériences sur la tératogénie. Je lis, dans l'éloge de Prévost par
M. Lebert, la phrase suivante : « Nous avons laissé inachevées des recherches sur la
production artificielle des monstruosités chez les animaux.» Lebert. *Éloge du docteur
Prévost de Genève*, dans les *Bulletins de la Société de biologie*, 1re série, t. II, p. 65, 1850.

[2] Allen Thomson, *Remarks on the early condition and probable origin of double
monsters*, dans *The London and Edinburg Monthly Journal of Medical science*, 1844,
p. 581.

struosité double, qui existe virtuellement dans le germe, avant l'époque
où je soumets les œufs à l'influence modificatrice, j'ai rencontré un
certain nombre de faits de ce genre et recueilli sur leur mode de formation de précieux documents. Opérant sur un nombre d'embryons très-
considérable, puisque j'ai mis en incubation plus de neuf mille œufs,
j'ai produit plusieurs milliers de monstres, et j'ai pu étudier la plupart
des types tératologiques à divers moments de leur évolution. J'ai fait
disparaître ainsi, par la multiplicité des observations, l'une des difficultés les plus grandes de ces recherches ; car l'opacité de la coquille,
bien que n'étant pas absolue, ne permet pas de suivre un seul embryon dans ses transformations successives, comme on peut le faire,
plus ou moins facilement, pour d'autres œufs, les œufs de poissons
par exemple. J'ai pu d'ailleurs, dans certains cas, combler les lacunes
de l'observation par la concordance qui existe entre tous les faits tératologiques. En tératologie, comme l'a déjà fait remarquer Geoffroy
Saint-Hilaire, tous les faits se lient et s'enchaînent. Nous pouvons,
par conséquent, dans bien des circonstances et avec de très-grandes
probabilités, imaginer ce qui a dû avoir lieu, en attendant la connaissance de faits bien observés.

Je n'ai fait servir à mes expériences que les œufs d'une seule
espèce. Mes recherches ont cependant une portée beaucoup plus grande
qu'on ne le croirait tout d'abord, car elles s'appliquent, je le prouverai,
à la tératogénie de tous les animaux vertébrés.

Le livre que je publie aujourd'hui contient la première partie de ces
recherches. J'y fais connaître l'évolution de la plupart des types monstrueux, sur laquelle on ne possédait, avant moi, que des données purement hypothétiques. J'ai vérifié, dans certains cas, les conjectures
des embryogénistes; dans d'autres, et ce sont les plus nombreux, j'ai
découvert des faits entièrement nouveaux, et j'ai pu, par conséquent, résoudre un grand nombre de problèmes sur lesquels on
ne possédait aucune donnée. Assurément, mon travail est encore
incomplet, je le sais mieux que personne ; j'ai cependant la conviction
que, si les recherches ultérieures peuvent y ajouter beaucoup, elles
n'y introduiront pas de modification essentielle.

Je laisse de côté, pour le moment, une seconde partie de mes recherches, celle qui concerne la détermination exacte des conditions
physiques de la production des monstres. L'imperfection de mon
outillage ne m'a pas permis, pendant bien longtemps, de faire cette
détermination avec la précision nécessaire. J'ai pu, depuis deux

ans, introduire dans mes appareils, des perfectionnements qui me permettent d'obtenir toutes les données du problème. De plus, l'établissement d'un laboratoire d'embryogénie tératologique à l'École pratique de la Faculté de médecine, voté, il y a un an, par la Faculté, sur la demande de son doyen, M. Wurtz, et pour l'installation duquel M. Wallon, alors ministre de l'Instruction publique, m'a ouvert les crédits nécessaires, sur la demande de M. du Mesnil, directeur de l'Enseignement supérieur, me mettra très-prochainement en mesure de reprendre mes expériences sur une grande échelle, et de les accomplir rapidement. J'ai donc l'espoir fondé de pouvoir, dans une époque assez rapprochée, publier un nouveau livre dans lequel je ferai connaître les conditions physiques de l'évolution normale et de l'évolution tératologique de l'embryon du poulet. Ce travail est préparé depuis longtemps ; mais je ne le publierai que lorsque j'aurai remplacé par des documents précis les simples indications dont j'ai dû me contenter jusqu'à présent.

XVIII. Il me reste maintenant à signaler le résultat le plus général de mes recherches, celui auquel j'attache le plus de prix. Elles démontrent, de la manière la plus complète, contrairement aux idées de Wolff et de Meckel, et conformément à celles de Geoffroy Saint-Hilaire, la possibilité de modifier, par l'action de causes physiques extérieures, l'évolution d'un germe fécondé. La démonstration de ce fait n'intéresse pas uniquement la production des monstres, mais la biologie tout entière.

En effet, s'il est possible, en modifiant l'évolution d'un germe fécondé, de produire des monstruosités, on doit considérer comme possible la production de simples variétés, c'est-à-dire de déviations légères du type spécifique, compatibles avec la vie et avec l'exercice des fonctions génératrices. Sans doute, cette possibilité ne résulte pas actuellement de mes recherches, où je me proposais un tout autre but. Mais on peut la déduire facilement de considérations théoriques.

L'un des principaux résultats des travaux des deux Geoffroy Saint-Hilaire sur la tératologie, c'est que la monstruosité la plus grave et l'anomalie la plus légère sont essentiellement des faits de même ordre, des déviations du type spécifique produites par un changement de l'évolution. Seulement, les monstruosités affectent, profondément et simultanément, un grand nombre d'organes, tandis que les anomalies légères ne font, pour ainsi dire, qu'effleurer certains organes isolés. La différence de ces deux sortes de faits résulte essentiellement de la différence d'intensité de la cause modificatrice ; et, peut-être aussi, de l'époque de son action ; car j'ai constaté que la gravité des anomalies décroît généralement avec l'époque de leur apparition.

Je pense donc qu'en employant les procédés qui m'ont servi pour la production des monstres, mais en les employant d'une autre façon, j'arriverai à produire les anomalies légères, les *variétés*, aussi facilement que les anomalies graves. Or, l'hérédité de toutes les variétés d'organisation, lorsqu'elles n'empêchent pas l'exercice des fonctions génératrices, est actuellement établie de la manière la plus certaine. C'est la condition de la formation des races.

Mes expériences donnent donc aux zoologistes des méthodes à l'aide desquelles ils pourront aborder scientifiquement la question de la formation des races [1]. Tout ce que nous savons aujourd'hui sur ce sujet, au moins en zoologie [2], se borne à quelques vagues indications provenant des expériences inconscientes de la domestication. Il faut les compléter par l'expérimentation scientifique, en faisant sortir des types spécifiques actuels toutes les variétés héréditaires, en d'autres termes, toutes les races qu'ils contiennent virtuellement. Sachons bien qu'il est au pouvoir de la science expérimentale de produire artificiellement tous les phénomènes qui sont ou peuvent être produits par l'action de causes naturelles. Tandis que l'observation ne donne que la connaissance des réalités actuelles, l'expérimentation, grâce à sa puissance créatrice, réalise tout ce qui est possible ; elle ouvre ainsi une carrière sans limite. De plus, elle

---

[1] Il importe qu'on ne se méprenne pas sur ma pensée. En m'exprimant ainsi, je ne prétends pas que mes expériences donnent tous les procédés de la formation des races. Ainsi que je l'ai dit à propos des monstruosités, les causes modificatrices peuvent agir avant et pendant la fécondation ; je n'ai employé que celles qui agissent après la fécondation. Le métissage, l'hybridation, que l'on peut varier de tant de façons, surtout à l'aide des fécondations artificielles, permettent aux physiologistes de multiplier jusqu'à l'infini les expériences sur la variabilité des formes de la vie. Mais nous ne possédons encore aucun procédé scientifique pour agir sur l'élément mâle ou l'élément femelle de la fécondation. Je ne doute pas que les progrès de la science ne nous donnent un jour de pareils procédés. Il y a là toute une série d'expériences dont nous ne pouvons pas avoir actuellement la pensée.

[2] Ce serait, en effet, manquer à la justice que de ne pas rappeler ici les beaux travaux que la physiologie végétale possède actuellement sur l'origine des races. Je ne puis pas ne pas citer l'ensemble des recherches que L. Vilmorin a publiées sous ce titre : *Notices sur l'amélioration des plantes par le semis, et considérations sur l'hérédité des végétaux*, puis, parmi les travaux des botanistes vivants, ceux de M. Decaisne, sur l'origine des races des arbres fruitiers, et de M. Naudin sur l'hybridité végétale. Ici, comme sur tant d'autres points, la botanique est en avance sur la zoologie.

met l'expérimentateur en présence des causes réelles des phénomènes, puisqu'il ne peut les faire apparaître que par l'emploi de ces causes, et elle le conduit à la véritable science si bien définie par Bacon dans cette parole célèbre : *Vere scire est per causas scire*[1].

Je n'ai pas besoin de faire remarquer l'intérêt que de semblables expériences présenteraient au point de vue pratique; car tout le monde sait que la formation des races est l'une des parties les plus importantes de la zootechnie. Mais je veux montrer leur intérêt scientifique. La connaissance du mode de formation des races et des causes qui la déterminent ou, d'une manière plus générale, des lois qui régissent la variabilité de l'organisation des êtres vivants, est le seul procédé scientifique que nous possédions pour aborder le plus grand problème de la biologie, celui de l'origine des types spécifiques ou, en d'autres termes, des différentes formes sous lesquelles la vie s'est manifestée aux différentes périodes de l'histoire de la terre.

Tant que la doctrine de la préexistence des germes a régné dans la science, cette question n'existait pas; elle ne pouvait pas exister. L'origine des espèces était en dehors de la science. Aujourd'hui la biologie, complétement débarrassée des entraves qui ont pendant si longtemps arrêté sa marche, se demande si les types spécifiques que nous observons dans l'ordre actuel des choses sont le produit immédiat de la puissance créatrice, et, à ce titre, complétement indépendants les uns des autres ; ou bien s'ils ne se seraient pas produits, à certaines périodes géologiques, en vertu de lois naturelles, par la modification ou même par la transformation de types spécifiques antérieurs. Tout le monde connaît les vives controverses que cette question soulève, surtout depuis la publication des célèbres livres de M. Darwin : elles ont retenti même en dehors du monde scientifique. L'existence seule de ces controverses prouve, de la manière la plus évidente, que la science ne peut encore se prononcer d'une manière définitive et que, par conséquent, les deux doctrines qui la divisent, au sujet de l'origine des types spécifiques, ne sont encore que des hypothèses.

Les partisans de la fixité des espèces s'appuient sur un fait réel, la très-longue durée des types spécifiques et leur permanence durant plusieurs périodes géologiques; mais ce fait n'implique pas nécessairement une fixité absolue; il peut ne signifier qu'une chose, c'est que,

---

[1] BACON. *Novum organum*, lib. II, aph. 2.

pendant leur longue durée, ces types n'ont point été soumis à des causes suffisantes de variation.

Les partisans de la variabilité ou, comme on le dit aujourd'hui, du *transformisme* s'appuient sur un fait non moins réel : les variations déterminées dans certains types spécifiques, par la domestication, s'il s'agit des animaux, et par la culture, s'il s'agit des plantes. Mais ces modifications sont contenues dans des limites peu étendues ; elles n'impliquent pas évidemment le fait d'une variabilité illimitée.

Tant que la science ne possédera pas d'autres éléments de discussion, elle ne pourra se prononcer ; mais si elle arrive, et je le crois possible, à connaître toutes les formes dérivées qui peuvent sortir de plusieurs des types spécifiques du monde actuel, et à déterminer d'une manière scientifique les causes qui les produisent et les lois qui régissent leur production, elle pourra appliquer ces notions au passé, et chercher à reconstituer, avec quelque vraisemblance, l'histoire des apparitions des formes de la vie. C'est, du reste, la seule méthode qui puisse la conduire, sans l'égarer, dans cette étude rétrospective.

Mais il faudra de longues années pour réunir, même partiellement, les éléments du problème. Car, si la production artificielle des variétés, au moins dans certaines espèces, ne paraît pas devoir présenter des difficultés plus grandes que la production artificielle des monstruosités, il n'en est pas de même de la production des races. Dans ce nouveau problème, on doit agir non pas sur les individus, mais sur des suites d'individus, pendant un nombre plus ou moins grand de générations. Il faut donc, pour les naturalistes, des éléments de travail d'une tout autre nature et bien plus dispendieux. Le laboratoire ne suffit plus. Il faut avoir des ménageries ou du moins des établissements dans lesquels on puisse élever les animaux soumis aux expériences.

Il est fort remarquable de voir que cette pensée de créer des établissements destinés à l'expérimentation zoologique s'était déjà présentée à l'esprit de Bacon au commencement du dix-septième siècle. Ce grand philosophe, présentant, dans *la Nouvelle Atlantide*, le tableau d'une société d'hommes cultivant la science pour la faire servir à l'amélioration de la condition de l'humanité, y parle de ménageries entièrement consacrées à l'expérimentation, et dans lesquelles on s'occupe de faire varier les espèces : « Nous avons, dit-il, des enclos et des ménageries pour des animaux et des oiseaux de tout genre... Nous rendons artificiellement les uns plus grands et plus gros qu'ils ne le sont naturellement ; au contraire, nous rapetissons les autres, et nous les privons de leur taille normale... Nous les faisons varier de mille façons, quant à la couleur, à la forme, au caractère... Nous ne procédons pas au hasard, mais nous savons fort bien par quel procédé on peut faire naître tel animal donné... Nous avons aussi des viviers où nous faisons sur les poissons des expériences semblables à celles que nous venons de mentionner pour les quadrupèdes et les oiseaux[1]. » Ce rêve de Bacon est encore un rêve. Ne devons-nous pas espérer pourtant qu'il sera un jour une réalité ? Ici, comme dans tant d'autres parties de son livre, ce grand philosophe, qui comprit si bien le rôle que la science devait jouer dans les destinées de l'humanité, n'avait-il pas une vision claire de l'avenir ?

Un des premiers naturalistes de notre époque, M. C. Vogt, a récemment reproduit la même pensée : « Les ménageries, les jardins zoologiques et d'acclimatation devront se transformer nécessairement en laboratoires zoologiques dans lesquels des observations et des expériences entreprises dans un but déterminé pourront être continuées sans interruption pendant des séries d'années[2]. »

Il est bien clair que l'absence de pareils établissements sera pendant longtemps encore un obstacle à l'expérimentation zoologique, et par conséquent à l'étude scientifique du problème de l'espèce. Toutefois, nous ne devons pas désespérer ; si nous ne pouvons pas encore utiliser, dans ce but, les ressources d'établissements spéciaux et construits sur une vaste échelle, nous ne sommes pas cependant dépourvus de tous les éléments de ces recherches. L'extension que l'élève des animaux rares a prise dans ces dernières années, principalement sous l'influence de la Société d'acclimatation, met actuellement à la disposition des travailleurs des éléments qui, il y a vingt-cinq ans, à l'époque où j'ai conçu la première pensée de mes recherches, faisaient presque entièrement défaut. Nous devons espérer que ces éléments se multiplieront, et que leur accroissement donnera aux naturalistes les moyens d'aborder des questions qui, dans l'état actuel, leur paraissent tout à fait inaccessibles.

[1] BACON, *Nova Atlantis.* « Habemus septa et vivaria, pro bestiis et avibus omnigenis... Arte reddimus alias majores et proceriores, quam pro natura sua ; e contra alias nanas facimus, et statura justa privamus... Etiam colore, figura, et animositate, eas multis modis variamus... Neque tamen casu hoc facimus, sed satis novimus ex quali materia quale animal sit producibile. »

[2] C. VOGT, *Préface* de l'ouvrage de DARWIN : *De la variation des animaux et des plantes sous l'action de la domestication,* p. 13.

Je serais heureux si les considérations que je viens de développer pouvaient engager les jeunes savants qui débutent dans l'étude de la zoologie à me suivre dans une voie qui, j'en suis certain, les conduira à d'importantes découvertes. Pour ma part — malgré tous les obstacles que j'ai rencontrés sur ma route, et qui, devrais-je avoir à le dire? n'étaient pas tous de l'ordre scientifique et ne résultaient pas seulement des difficultés mêmes du sujet et de l'insuffisance des moyens de recherches — je poursuivrai mes travaux avec persévérance, mettant à profit toutes les occasions qui se présenteront de réaliser les expériences qui sont depuis longtemps dans ma pensée. Un des maîtres les plus illustres de la science actuelle a dit dans un de ses derniers ouvrages que mes expériences sont *pleines de promesses pour l'avenir*[1]. Ces paroles de M. Darwin m'encouragent à continuer les études auxquelles j'ai voué ma vie, études qui m'ont déjà permis d'établir les lois de la formation des monstres, et qui me permettront, je l'espère, de réunir quelques données pour la solution d'un des plus grands problèmes que puisse se proposer notre intelligence, celui de l'origine des espèces.

[1] DARWIN, *De la descendance de l'homme*, trad. franç. t. II, p. 408.

APPENDICE

I. INDICATION DES RECHERCHES TÉRATOGÉNIQUES DONT LES RÉSULTATS ONT ÉTÉ
PUBLIÉS DEPUIS MES PREMIÈRES PUBLICATIONS.

J'ai fait connaître, dans un mémoire publié en 1855, les premiers résultats
de mes recherches. Il est nécessaire de rappeler cette date, parce qu'en 1860,
un physiologiste danois, M. Panum, professeur à l'université de Kiel, a publié
un ouvrage sur la tératogénie, d'après des observations faites sur les oiseaux[1].

Lorsque j'eus connaissance de cette publication, j'ai cru d'abord que je devais
abandonner mes recherches, craignant qu'elles ne fissent double emploi avec
celles de M. Panum ; mais la lecture du livre m'a bientôt détrompé. M. Panum
s'est généralement contenté de la méthode d'observation en étudiant les monstres qu'il rencontrait dans les œufs non éclos, et il n'a employé que très-rare-
ment la méthode expérimentale, c'est-à-dire la production artificielle des
monstruosités. Aussi les faits qu'il a recueillis et décrits ne constituent qu'un
nombre restreint d'anomalies généralement légères. Il a toutefois le mérite
d'avoir vu certains faits nouveaux, l'existence de deux cœurs, par exemple.

Je dois citer également un travail de M. Lombardini sur la formation des
monstres chez les oiseaux et chez les batraciens, travail publié en 1868[2].
Ce travail, dont la publication est postérieure à celle de la plupart de mes
résultats, contient la description d'un certain nombre de faits entièrement
conformes à ceux que j'ai découverts. Seulement M. Lombardini les a obtenus
par d'autres procédés.

En dehors de la classe des oiseaux, Lereboullet a publié un travail fort
important sur les monstruosités du brochet[3].

L'Académie avait mis au concours, en 1860, la question suivante : « *Étude
expérimentale des modifications qui peuvent être déterminées dans le développement de l'embryon d'un animal vertébré par l'action des agents extérieurs.* »

---

[1] PANUM. *Untersuchungen über die Entstehung der Missbildungen zunächst in den
Eiern der Vogel*, 1860. Kiel.

[2] LOMBARDINI. *Intorno alla genesi delle forme organiche irregolare negli Uccelli et ne
Batrachidi*, 1868. Pise.

[3] LEREBOULLET. *Recherches sur les monstruosités du Brochet, observées dans l'œuf
et sur leur mode de production*, dans les *Ann. des sc. nat. Zool.*, 4ᵉ série, t. XX, p. 178,
et 5ᵉ série, t. I, p. 113 et 257. 1863 et 1864. — Lereboullet avait déjà fait connaître
plusieurs résultats de ses recherches en 1855. Voir les *Comptes rendus de l'Acad.
des sc.*, t. XL, p. 854, 916, 1028 et 1063.

4

Le programme de la question mise au concours s'exprimait ainsi :

« Des expériences faites, il y a un quart de siècle, par Geoffroy Saint-Hilaire tendent à établir qu'en modifiant les conditions dans lesquelles l'incubation de l'œuf de l'oiseau s'effectue, on peut déterminer des anomalies dans l'organisation de l'embryon en voie de développement. L'Académie désire que ce sujet soit étudié de nouveau, et d'une manière plus complète, soit chez les oiseaux, soit chez les batraciens ou les poissons[1]. »

Lereboullet, qui s'occupait depuis 1855 d'études sur l'embryogénie normale et tératologique du brochet, adressa les résultats de ces recherches au jugement de l'Académie. Moi-même j'avais envoyé pour le même concours quatre mémoires dans lesquels j'avais fait connaître les premiers résultats de mes travaux. Le prix fut partagé, en 1862, entre Lereboullet et moi.

Cette circonstance, que je dois rappeler, m'impose une très-grande réserve dans mon appréciation du travail de Lereboullet, d'autant plus que les conclusions de ce travail paraissent en contradiction avec celles que j'ai déduites de mes recherches. Je suis cependant obligé d'expliquer cette contradiction, qui, j'espère le prouver, n'existe qu'en apparence.

Je cite textuellement les paroles de Lereboullet :

« Je me crois suffisamment autorisé à admettre... les quatre propositions suivantes, qui seront les conclusions de mon travail :

1° Il n'est nullement prouvé que les monstruosités en général, et particulièrement les monstruosités doubles, soient occasionnées par les influences que les agents extérieurs ont pu produire sur les œufs ;

2° Les seules modifications qui paraissent dues *quelquefois* à l'influence des agents extérieurs sont des arrêts de développement, des déformations et des atrophies ; encore ces effets ne sont-ils pas constants ;

3° Il n'est donc pas possible de produire à volonté des formes monstrueuses déterminées d'avance, ni d'établir d'une manière positive la cause des monstruosités ;

4° Cette cause pourrait bien être inhérente à la constitution même de l'œuf et ne dépendre en aucune façon des conditions extérieures[2]. »

Assurément, si ces conclusions étaient exactes, elles seraient dans la contradiction la plus formelle avec les résultats des recherches que je viens de signaler dans mon introduction. Il importe donc de les examiner de près.

D'abord Lereboullet ne s'exprime que d'une manière dubitative : *Cette cause pourrait bien être*, etc. Et, par conséquent, il ne considérait pas ses expériences comme étant assez décisives pour lui permettre d'en tirer une affirmation.

Maintenant, l'examen des faits sur lesquels Lereboullet a cru pouvoir s'appuyer pour en déduire ces conclusions montre que ce célèbre physiologiste a surtout observé des monstres doubles. Or, toutes mes études m'ont conduit à admettre que la formation des monstres doubles chez les oiseaux résulte d'un état particulier de la cicatricule, et qu'elle est, par conséquent, antérieure à

[1] *Comptes rendus de l'Acad. des sc.*, 1860, t. L, p. 249.
[2] Lereboullet, *loc. cit.*, 5e série, t. I, p. 320.

la fécondation. Ici donc mes recherches s'accordent parfaitement avec les siennes.

Je n'admets l'intervention des agents extérieurs dans la production des monstres que dans le cas des monstruosités simples ; et même, ainsi que je le dis dans l'introduction, je ne crois pas que cette cause soit unique. Or, Lereboullet, sans s'expliquer d'une manière catégorique, admet que les monstruosités simples *paraissent quelquefois dues à l'influence des agents extérieurs.*

On voit donc qu'en comparant attentivement les conclusions du travail de Lereboullet à celles de mon travail, il y a très-peu de différence entre elles. Or, cette différence s'atténue encore par le fait d'une circonstance particulière sur laquelle je dois insister dans le cours de ce livre ; c'est que les types de la monstruosité simple, dont l'apparition est possible chez les poissons, sont beaucoup moins diversifiés que ceux qui peuvent se produire chez les oiseaux, par le fait des conditions particulières de leur développement.

Je trouve donc dans l'ouvrage de Lereboullet, malgré les apparences, une assez grande concordance avec les résultats que j'ai obtenus moi-même.

Je ne mentionne que pour mémoire un travail du docteur Knoch, de Moscou, sur la production des monstres chez les poissons. Ce travail est beaucoup trop incomplet pour que l'on puisse actuellement en tirer des conclusions quelconques[1].

Je cite dans mon livre tous les faits nouveaux signalés par les physiologistes dont je viens de citer les ouvrages ; faits qui, sur plusieurs points, complètent mes recherches, mais dont je donne, dans bien des cas, une interprétation différente.

II. INDICATION DE MES PROPRES TRAVAUX SUR LA TÉRATOGÉNIE, TRAVAUX QUE JE COORDONNE DANS L'OUVRAGE ACTUEL.

J'ai fait connaître, à partir de 1855, dans un grand nombre de publications, éparses dans divers recueils scientifiques, la plupart des faits que j'ai recueillis pendant le cours de mes études, et qui, complétés par des observations encore inédites, forment le sujet de cet ouvrage. Je crois nécessaire de donner ici la liste de ces publications, pour établir d'une manière précise, et sur des textes, la date de mes découvertes.

Je dois rappeler à cette occasion que, pendant la durée de mes recherches, mes idées sur la tératogénie se sont constamment modifiées par suite des faits nouveaux que j'ai constatés. J'ai dû, dans un certain nombre de cas, abandonner certaines idées généralement acceptées au début de mes études, et les remplacer par des notions plus conformes aux résultats de mes expériences.

[1] KNOCH. *Uber Missbildungen betreffend die Embryonen der Salmonen und Coregonus arten,* dans le *Bulletin de la Société impériale des naturalistes de Moscou,* 1873, t. XLVI.

C'est donc uniquement dans le livre actuel que l'on doit chercher l'expression exacte de ma pensée.

I. Embryogénie normale.

1. Sur la dualité primitive du cœur et sur la formation de l'aire vasculaire dans l'embryon de la poule (*Comptes rendus de l'Académie des sciences*, t. LXIII, p. 603, 1866).

II. Tératogénie générale.

2. Sur une condition très-générale des anomalies de l'organisation (*Comptes rendus*, t. X, p. 1293, 1865).

3. Sur la notion du type en tératologie et sur la répartition des types monstrueux dans l'embranchement des animaux vertébrés (*Comptes rendus*, t. LXIX, p. 925, 1869).

4. Sur l'arrêt de développement considéré comme la cause prochaine des monstruosités simples (*Comptes rendus*, t. LXIX, p. 963, 1869).

III. Tératogénie spéciale ; anomalies et monstruosités simples.

5. Sur l'influence qu'exerce sur le développement du poulet l'application partielle d'un vernis sur la coquille de l'œuf (*Annales des sciences naturelles*, 4ᵉ série, Zoologie, t. IV, p. 119, 1855).

6. Sur l'influence qu'exerce sur le développement du poulet l'application totale d'un vernis ou d'un enduit oléagineux sur la coquille de l'œuf (*Annales des sciences naturelles*, 4ᵉ série, Zoologie, t. XV, p. 5, 1855).

7. Sur un fait relatif à l'histoire de l'amnios (*Bulletin de la Société de biologie*, 2ᵉ série, t. V, p 146, 1858).

8. Sur les conditions organiques des hétérotaxies (*Bulletin de la Société de biologie*, 3ᵉ série, t. III, p. 8, 1839).

9. Sur le développement de l'amnios après la mort de l'embryon (*Bulletin de la Société de biologie*, 3ᵉ série, t. I, p. 33, 1859).

10. Sur l'histoire de plusieurs monstres hyperencéphaliens, observés chez le poulet (*Annales des sciences naturelles*, 4ᵉ série, Zoologie, t. XIII, p. 337, 1860).

11. Sur la production artificielle des monstruosités dans l'espèce de la poule (*Annales des sciences naturelles*, 4ᵉ série, Zoologie, t. XVIII, p. 243, 1862).

12. Sur les conditions de la vie et de la mort chez les monstres ectroméliens, célosomiens et exencéphaliens produits artificiellement dans l'espèce de la poule (*Annales des sciences naturelles*, 4ᵉ série, Zoologie, t. XX, p. 59, 1863).

13. Sur la production artificielle des monstruosités (*Comptes rendus de l'Académie des sciences*, t. LVII, p. 445, 1863).

14. Sur le mode de production de certaines formes de la monstruosité simple (*Bulletin de la Société de biologie*, 3ᵉ série, t. V, p. 210, 1863).

15. Sur la production artificielle des anomalies de l'organisation (*Comptes rendus*, t. LIX, p. 693, 1864).

16. Sur le développement de l'embryon de la poule à des températures relativement basses (*Mémoire de la Société des sciences de Lille*, 3ᵉ série, t. II, p. 291, 1865).

17. Sur la production artificielle des anomalies (*Comptes rendus*, t. LX, p. 746, 1865).

18. Sur le mode de production de l'inversion des viscères ou de l'hétérotaxie (*Comptes rendus*, t. LX, p. 746, 1865).

19. Sur certaines conditions de la production du nanisme (*Comptes rendus*, t. LX, p. 1214, 1865).

20. Sur le mode de production des monstres anencéphales (*Comptes rendus*, t. LXIII, p. 448, 1866).

21. Sur la production artificielle des monstruosités (*Comptes rendus*, t. LXVI, p. 155, 1868).

22. Sur le mode de formation des monstres syméliens (*Comptes rendus*, t. LXVI, p. 185, 1868).

23. Sur l'inversion des viscères et la possibilité de sa production artificielle, (*Comptes rendus*, t. LXVII, p. 485, 1868).

24. Sur le développement de l'embryon à des températures relativement basses et sur la production artificielle des monstruosités (*Comptes rendus*, t. LXIX, p. 286, 1869).

25. Sur le développement de l'embryon à des températures relativement élevées (*Comptes rendus*, t. LXIX, p. 420, 1869).

26. Sur la production artificielle de l'inversion des viscères (*Comptes rendus*, t. LXX, p. 761, 1869).

27. Sur l'anémie des embryons (*Archives de zoologie expérimentale*, t. I, p. 169, 1872)

IV. Tératogénie spéciale. — Diplogénèses et monstruosités doubles.

28. Sur l'histoire physiologique des œufs à double germe et sur les origines de la duplicité monstrueuse chez les oiseaux (*Annales des sciences naturelles*, 4ᵉ série, *Zoologie*, t. XVII, p. 31, 1861).

29. Sur l'origine et le mode de formation des monstres doubles à double poitrine, (*Comptes rendus*, t. LVII, p. 685, 1863).

30. Sur les origines de la monstruosité double chez les oiseaux (*Annales des sciences naturelles*, 5ᵉ série, *Zoologie*, t. XI, p. 42, 1864).

31. Sur les œufs à double germe et sur les origines de la duplicité monstrueuse chez les oiseaux (*Comptes rendus*, t. LX, p. 562, 1865).

32. Sur l'origine et le mode de développement des monstres omphalosites (*Comptes rendus*, t. LXI, p. 49, 1865).

33. Sur le mode de formation des monstres doubles à union antérieure ou à double poitrine (*Comptes rendus*, t. LXIX, p. 722, 1869).

34. Sur l'origine et le mode de développement des monstres omphalosites (*Comptes rendus*, t. LXXVII, p. 924, 1873).

35. Sur l'origine et le mode de formation des monstres doubles (*Archives de zoologie expérimentale*, t. III, p. 74, 1874).

36. Sur les monstres doubles. Communications faites à la Société d'anthropologie à propos du monstre double Millie Christine (*Bulletin de la Société d'anthropologie de Paris*, 2ᵉ série, 1873, t. VIII, p. 880, 893 ; 1874, t. IX, p. 14, 147, 321).

V. Tératologie.

37. Sur un chat iléadelphe à tête monstrueuse (*Annales des sciences naturelles*, 3ᵉ série, *Zoologie*, t. XVIII, p. 81, 1852).

38. Sur un nouveau genre de monstruosité double appartenant à la famille des

polygnathiens (*Annales des sciences naturelles*, 4ᵉ série, *Zoologie*, t. XI, p. 5, 1859).

39. Sur un poulet monstrueux appartenant au genre hétéromorphe (*Mémoire de la Société de biologie*, 3ᵉ série, t. IV, p. 251, 1852).

40. Sur un monstre simple dans la région moyenne, double supérieurement et inférieurement (*Comptes rendus*, t. LVII, p. 445, 1863).

41. Sur un veau monstrueux (*Archives du comice agricole de Lille*, 1864).

42. Sur les caractères de la race des poules polonaises (*Mémoire de la Société impériale de Lille*, 3ᵉ série, t. I, p. 733, 1864).

43. Sur un veau monstrueux (*Archives du Comice agricole de l'arrondissement de Lille*, 1867).

44. Sur le mode de production de certaines races d'animaux domestiques (*Comptes rendus*, t. LXIV, 423, 743, et 1101, 1867. — T. LXVIII, p. 733, 1869).

VI. Ovologie.

45. Sur les moyens de s'assurer de la fécondation des œufs de gallinacés (*Bulletin de la Société d'acclimatation*, t. IX, 1862, p. 933).

46. Sur les caractères qui distinguent la cicatricule féconde de la cicatricule inféconde (*Comptes rendus*, t. LIX, p. 255, 1864).

47. Sur les œufs clairs (*Bulletin de la Société d'acclimatation*, 3ᵉ série, t. III, nº 1, 1876).

Enfin j'ai publié en 1873, dans les *Archives de zoologie expérimentale*, t. II, p. 409, sous ce titre : *Mémoire sur la tératogénie expérimentale*, un résumé général de mes recherches tératogéniques. Ce mémoire contient l'ensemble des considérations que j'ai déduites des faits décrits dans tous les mémoires précédents; considérations que je développe dans l'ouvrage actuel.

Paris. — Typographie A. Hennuyer, rue d'Arcet, 7.

www.ingramcontent.com/pod-product-compliance
Lightning Source LLC
Chambersburg PA
CBHW060820180626
46818CB00002B/896